MEL〇〇 〇〇사 중심

PLC 강의

이모세 저

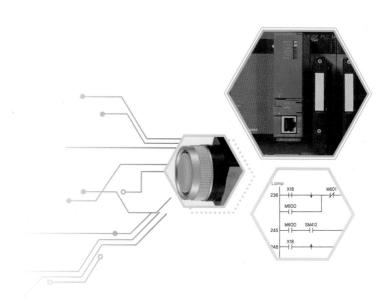

🐦 일진사

요즘은 엔지니어 전성시대입니다. 학력을 따지지 않고 실력과 경력으로만 인정받는 직업이 많아지고 있는데, PLC 엔지니어가 바로 그런 직업입니다.

이 책은 PLC 엔지니어가 되고자 하는 사람들을 위한 입문서입니다. PLC에 입력된 프로그램은 전기·전자 회로나 통신을 통해서 일을 수행하기 때문에 전기 회로, 전자 회로, 컴퓨터의 연산 처리 방식, 통신 방식 등도 알아야 하고, 제어의 대상이 되는 플랜트 설비나 기계 장치에 대한 이해도 필요합니다. 이 책에는 입문자가 PLC를 처음 다루는 데 필요한 관련 지식과 함께 프로그래밍을 연습하는 방법이 소개되어 있습니다.

PLC를 처음 배울 때는 전기 배선 능력과 논리적인 사고 능력을 훈련하며 프로그래밍에 초점을 맞추는 것도 중요하지만, 하드웨어와 결합한 제어 시스템을 통합 구축한다는 생각으로 폭넓게 이해해야 엔지니어로서의 필요한 역량을 배워나가는 데 도움이 됩니다.

PLC 본체와 프로그래밍 명령어를 배우려면 제작사의 매뉴얼을 보는 것이 제일 좋은 방법이지만, 처음에는 어려운 방법이므로 이 책에서는 입문자를 위해 매뉴얼에서 기본적인 부분만 발췌하여 초보적인 설명을 덧붙여 쉽게 설명하였으며, 조금 더 도움이 되고자 짧은 지면을 사용해서 PLC가 가진 다양한 기능도 함께 소개하였습니다.

저도 1992년에 GoldSec이라는 PLC로 입문하여 30여 년 동안 배우며 살아왔습니다. 그동안 저를 가르쳐주시고 도와주신 모든 분께 진심으로 감사드리며, 이 책의 내용에 잘못된 점이나 고쳐야 할 부분이 있으면 지적해주시기를 바랍니다.

끝으로 이 책을 통해서 PLC 엔지니어로 입문하는 데 조금이나마 도움이 되기를 바라며, 책을 내는 데 도움을 주신 도서출판 **일진사** 모든 분에게 감사드립니다.

저자 씀

차례

MELSEC 사용자 중심 PLC 강의

Chapter

1

PLC 본체

1 PLC 본체

1-1 PLC의 개요

1 PLC란?

PLC는 Programmable Logic Controller의 약자이다. 자동화 장비의 전기 시퀀스 제어반에 사용하는 릴레이, 타이머, 카운터 등의 기능을 프로그램 연산으로 가능하게 만든 산업용 컴퓨터이다. 미국전기공업협회(NEMA : National Electrical Manufacturers Association)에서는 "디지털 또는 아날로그 입출력 모듈을 통하여 논리, 순차 제어, 타이머, 카운터, 수치 연산과 같은 특수한 기능을 수행하기 위해 프로그램 가능한 메모리를 사용하고, 여러 종류의 기계나 프로세서를 제어하는 디지털 동작의 전자 장치"라고 정의하고 있다.

2 PLC의 출현

1968년 미국의 자동차 회사 제너럴모터스(GM)는 공장 내의 조립 라인이 점점 더 복잡해지면서 수많은 릴레이 제어반의 유지 보수에 많은 비용과 시간이 들어가는 점을 해결하기 위해 릴레이 제어반을 대체할 "Standard Machine Controller"의 10대 항목을 제시하며 제어장치를 공모했다.

GM이 제시한 10대 항목
① Easy to program : 프로그램 작성과 수정이 쉬울 것
② Easy to maintain : 유지 보수가 쉬울 것
③ Highly reliable in an industrial environment : 현장에서 신뢰도가 높을 것
④ Expandable : 입출력 개수를 확장할 수 있을 것

⑤ Cost competitive : 릴레이 제어반보다 저렴할 것

⑥ Compact : 릴레이 제어반보다 소형일 것

⑦ Communicate : 중앙제어장치와 데이터 통신이 가능할 것

⑧ Accept 115 VAC input signals : 입력 전원은 AC115V일 것

⑨ Operate 115 VAC/2A devices : 출력은 AC115V/2A 이상일 것

⑩ Over 4k memory : 프로그램 메모리는 4k바이트까지 가능할 것

이 제안에 따라 선정된 제어장치는 미국 매사추세츠에 있던 회사 베드포드(Bedford Associates)의 84번째 프로젝트인 MODICON 084이다. MODICON은 모듈형 디지털 컨트롤러라는 말의 약자라고 한다. MODICON은 현재 프랑스의 슈나이더 일렉트릭(Schneider Electric)의 브랜드가 되었다.

최초의 PLC MODICON 084

[사진 출처: https://www.noeju.com]

3 PLC 프로그래밍 언어

IEC(International Electrotechnical Commission, 국제전기표준회의)에서는 PLC 국제 표준화 규격을 기본 기능 및 용어 정의, 설비의 요구 기능 및 시험조건, 프로그래밍 언어, 사용자 지침, 통신 네트워크 등으로 구성하여 제정하고 있다.

IEC61131-3에서 표준화한 PLC용 언어는 다음과 같다.

① **래더 다이어그램**(LD : Ladder Diagram) : 릴레이 시퀀스 회로와 같은 모양을 작도함으로 프로그래밍한다.

② **펑션 블록 다이어그램**(FBD : Function Block Diagram) : 함수를 블록화해 놓고 이것들을 서로 연결하여 프로그래밍한다.

③ **명령어 리스트**(IL : Instruction List) : 한 줄에 명령어 하나씩을 나열하여 프로그래밍한다.

④ **구조화된 텍스트**(ST : Structured Text) : 복잡한 연산처리용이며, C 언어나 BASIC 언어와 유사한 형태로 프로그래밍한다.

⑤ **시퀀스 펑션 차트**(SFC : Sequential Function Chart) : 플로 차트(Flow Chart)와 유사한 형태로 프로그래밍한다.

4 PLC의 용도

세계적으로 많이 사용되고 있는 PLC의 제조사로는 지멘스, 로크웰 오토메이션, 미쓰비시, 슈나이더, 오므론 등이 있으며, 국내 PLC로는 LS산전의 PLC가 높은 비중을 차지하고 있다.

이 책에서 다루게 될 MELSEC PLC는 제조사가 미쓰비시이다. 미쓰비시는 1924년 설립된 일본회사로서 신뢰도와 가성비가 높은 제품을 출시하고 있는 세계 3위의 FA 전문회사로서 아시아에서는 약 70%를 점유하고 있다.

반도체 제조 설비

[출처: 삼성반도체 https://www.samsungsemiconstory.com/]

국내에서는 인지도가 높고 우수한 프로그램 엔지니어를 많이 확보하고 있어서 자동화 설비 분야에 사용되는 PLC로서 매우 큰 비중을 차지하고 있다.

미쓰비시 PLC는 제조 설비 제어, 장비 제어, 계장 제어, 실시간 모니터링 등 다양한 목적으로 사용되고 있으며, 규모에 따라 적합한 시리즈를 선택해야 한다. 우리 나라에서는 삼성, LG, SK하이닉스 등 대기업에서 제조 설비를 제어하는 데 주로 사용하고 있다.

5 미쓰비시 PLC의 종류

미쓰비시 PLC는 사용되는 규모와 필요한 성능에 따라 적합한 제품을 선정해서 사용할 수 있도록 제품을 시리즈로 구분해 주고 있다. Q 시리즈, L 시리즈, F 시리즈로 구분하며, 그 특징은 다음과 같다. 요즘 PLC를 배울 수 있는 직업훈련기관이나 학교에서는 취업 현장 상황을 반영하여 Q 시리즈를 많이 사용하고 있다.

MELSEC Q 시리즈

MELSEC L 시리즈

MELSEC F 시리즈

미쓰비시 MELSEC PLC의 종류

참고 MELSEC은 Mitsubishi Electric Sequency Controller의 약자이다.

① MELSEC Q 시리즈
- 중 · 대 규모용
- 멀티 CPU 기능에 의한 병렬처리 가능
- 베이스 필요

② MELSEC L 시리즈
- 소 · 중 규모용
- 다양한 I/O 기능을 CPU 모듈에 내장
- 베이스 불필요

③ MELSEC F 시리즈

- 소규모 · 단독 타입용
- 초소형 PLC
- 전원 · CPU · 입출력 일체형

1-2 PLC의 기본 구성

MELSEC Q 시리즈를 사용할 경우는 베이스 유닛과 함께 필요한 모듈을 장착해서 사용해야 한다.

1 베이스 유닛

베이스 유닛은 각 슬롯에 전원을 공급하고 신호를 전달하는 모듈이다. 전원 모듈, CPU 모듈 및 입출력 모듈과 같은 장치를 장착하는 데 사용된다. 슬롯의 개수는 3, 5, 8, 12 슬롯의 제품이 있다. 슬롯의 개수가 5개일 경우 슬롯의 번호는 0~4까지이다.

POWER 슬롯에는 전원 모듈만 장착이 가능하고, CPU 슬롯에는 CPU 모듈만 장착이 가능하다. 입력 모듈이나 출력 모듈, 통신 모듈, 위치 결정 모듈 등은 0번 슬롯부터 장착이 가능하다.

베이스 유닛

② 전원 모듈

　전원 모듈은 베이스의 가장 왼쪽에 설치된다. 다양한 입출력 전압 및 출력 전류에 따라 적절한 용량을 선택해야 한다.

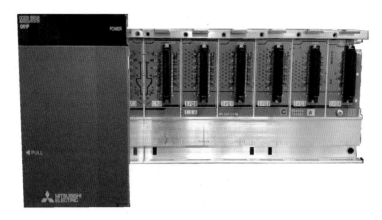

전원 모듈 장착

　PLC의 전원은 L, N 단자에 220V 전원을 연결하면 된다. L은 Line 또는 Live(활선)의 약자이고, N은 Neutral(중성선)의 약자이다. L선은 전기가 들어오는 선, N선은 나가는 선이라고 보면 된다. 교류에서는 N선이 0V 역할을 한다. LG(Line Ground)는 노이즈 필터를 사용할 때 연결한다.

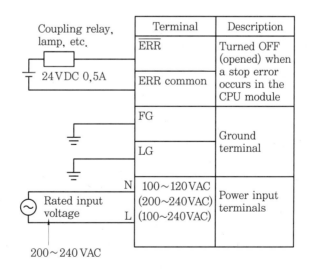

Terminal	Description
ERR	Turned OFF (opened) when a stop error occurs in the CPU module
ERR common	
FG	Ground terminal
LG	
N	100~120VAC (200~240VAC) (100~240VAC)
L	Power input terminals

전원 모듈의 배선

[출처: 미쓰비시 Q 하드웨어 매뉴얼]

❸ CPU 모듈

CPU 모듈은 프로그램 용량(스텝 수)에 따라 Q00(10K 스텝)부터 Q100 (1000K 스텝)까지 있다. 처리속도는 모델에 따라 UD 모델 20ns, UDH 모델 9.5ns, UDV 모델 1.9ns로 다양하다. CPU 모듈에는 주변기기 접속 포트가 내장되어 있는데 모델에 따라 Ethernet, USB, RS-232 포트 등이 내장되어 있다.

사진과 같이 Q03UDE CPU라는 모델은 프로그램의 스텝 수가 30K까지 가능하고 처리속도는 20ns이며 Ethernet 포트가 내장되어 있는 CPU이다.

CPU 모듈 장착

(1) CPU 모듈 모델명 확인 방법

GX Works2에서 새로운 프로젝트를 생성할 때 PLC Series와 PLC Type을 설정하도록 되어 있다. 이때 실제 장착된 CPU 모듈과 반드시 일치하도록 설정해야 한다. PLC CPU 모듈의 모델명은 모듈의 최상단에 표기되어 있다.

CPU 모듈의 모델명

PLC CPU 모듈의 모델명

(2) Q03UDE CPU 모듈의 외형

Q03UDE CPU 모듈의 외부에는 CPU 상태 표시 LED, USB 포트, 이더넷 포트, RESET/STOP/RUN 스위치가 있다.

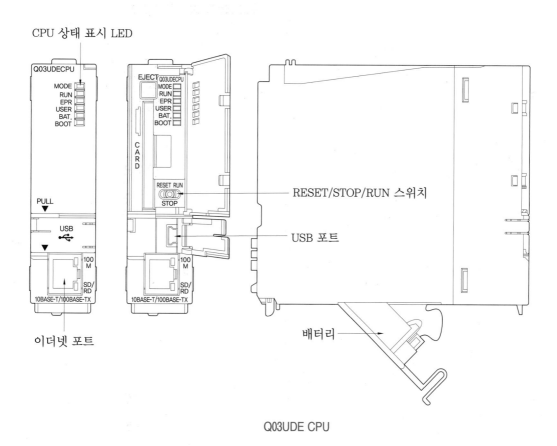

Q03UDE CPU

플러스⁺⁺

RESRT 방법 : 손으로 RESET/STOP/RUN 스위치를 RESET 쪽으로 밀고 잠시 기다린다. ERR. LED의 점멸이 완료되면 손을 뗀다.

(3) Q03UDE CPU 모듈의 표시 램프

Q03UDE CPU 모듈에는 CPU의 상태를 표시해주는 LED가 있다. 각 LED의 의미는 다음 설명과 같다.

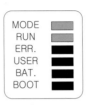

CPU 상태 표시 LED

① **MODE LED** : CPU의 모드를 나타낸다.

- ON : Q 모드
- 점멸 : – 조건부 디바이스 테스트 실행 진행 중(디버그 메뉴)
  – 외부 I/O 강제 ON/OFF 진행 중(디버그 메뉴)

② **RUN LED** : CPU의 동작 상태를 나타낸다.

- ON : PLC가 프로그램을 돌리고 있을 때 (RUN 상태)
- OFF : RESET/STOP/RUN 스위치를 STOP에 놓았을 때
  또는 운전을 정지시킬 에러를 검출하였을 때
- 점멸 : STOP 중에 프로그램 또는 파라미터를 쓰기하고
  RESET/STOP/RUN 스위치를 [RUN]으로 전환하였을 때 CPU가
  RUN 상태가 아님을 표시한다.

플러스⁺⁺

STOP 중에 프로그램이나 파라미터를 변경하였을 때는 시스템의 안전을 위해 CPU를 RESET한 다음에 동작하도록 설계되어 있다.

STOP 중에 파라미터와 프로그램을 쓰고나서 RUN 상태로 돌리려면
- RESET/STOP/RUN 스위치를 [RUN] → [STOP] → [RUN] 하거나
- RESET/STOP/RUN 스위치로 리셋을 수행하거나
- PLC의 전원을 껐다가 켠 후에 [RUN]으로 전환한다.

> **플러스⁺⁺**
>
> 인텔리전트 펑션 모듈의 파라미터 값을 변경한 후에는 [RESET/STOP/RUN] 스위치를
> 사용하여 반드시 RESET을 해야 변경된 값이 적용된다.
>
> 잊지 말자 "RESET"

③ **ERR. LED** : 에러가 났음을 표시한다.

- ON : 배터리 에러를 제외하고 운전을 정지하지 않은 자기 진단 에러를
  검출하였을 때
- OFF : 정상
- 점멸 : 운전을 정지시킬 에러를 검출하였을 때

  (ON되었을 때보다 더 중대한 에러)

  [RESET/STOP/RUN] 스위치로 리셋을 수행할 때

④ **USER LED** : 시스템 에러와 상관없이 사용자가 설정한 알람을 표시한다.

- ON : 어넌시에이터(F)를 ON으로 하였을 때
- OFF : 정상

⑤ **BAT. LED** : 배터리의 상태를 표시한다.

- ON(노란색) : 메모리 카드의 배터리 전압이 떨어졌을 때
- 점멸(노란색) : CPU 모듈의 배터리 전압이 떨어졌을 때
- 점멸(녹색) : 표준 ROM에 데이터를 백업할 때(온라인 메뉴)
- ON(녹색) : 표준 ROM에 백업되어있던 데이터를 복원했을 때 5초간 점등

> **플러스⁺⁺**
>
> MELSEC PLC에는 디바이스 데이터, 에러 이력 등의 래치 데이터를 표준 ROM에 백업
> 하는 기능이 있다. 온라인 메뉴의 Latch Data Backup을 실행하면 BAT.LET가 점멸하는
> 것을 볼 수 있고, 이후에 전원을 껐다 켜면 5초간 점등되는 것을 볼 수 있다.

⑥ **BOOT LED** : boot 운전 중임을 표시한다.

- ON : boot 운전을 시작하였을 때
- OFF : boot 운전을 실행하지 않을 때

(4) Q03UDE CPU 모듈의 이더넷 커넥터

Q03UDE CPU 모듈에는 이더넷 커넥터가 있는데, 여기에 있는 두 개의 LED 는 다음과 같은 의미가 있다.

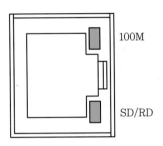

100M

SD/RD

이더넷 상태 표시 LED

① **100M LED** : 이더넷 통신의 전송속도를 표시한다.
- ON : 100Mbps로 연결
- OFF : – 10Mbps로 연결
          – 연결되지 않음

② **SD/RD LED** : 이더넷 통신의 상태를 표시한다.
- ON : 데이터가 Send/Received되고 있을 때
- OFF : Send/Received되고 있는 데이터가 없을 때

플러스++

MELSEC PLC의 특수 모듈에는 QJ71E71이라고 하는 이더넷 모듈이 있다. 고속의 이더넷 통신을 많이 해야 하는 경우에는 CPU 모듈의 부담을 덜기 위해 이러한 특수 모듈을 추가로 설치해서 사용한다.

(5) GX Works2에서 PLC CPU 선택

GX Works2를 화면에 띄우고, 왼쪽 상단 프로젝트 메뉴에서 New를 클릭한다.

New Project 창이 뜨면 PLC Series와 PLC Type을 PLC의 CPU 모듈과 일치하도록 선택하고 OK 버튼을 누른다.

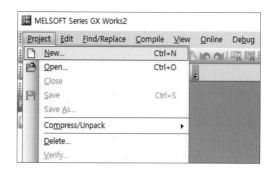

GX Works2의 새 프로젝트 생성 메뉴

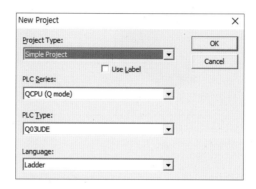

프로젝트 생성 창에서의 PLC Type 설정

4 입출력 모듈

CPU 모듈의 오른쪽에는 시스템에서 필요한 입력 모듈이나 출력 모듈, 특수
모듈 등이 장착된다. 다음 사진은 입력 모듈과 출력 모듈을 장착한 것이다.

입력/출력 모듈 장착

PLC 입출력 모듈에는 40핀 커넥터(40-pin connector) 타입과 터미널 블록(Terminal block) 타입이 있다. 터미널 블록 타입은 터미널에 전선을 나사로 조여서 배선하지만 40핀 커넥터 타입은 커넥터 케이블과 터미널 단자대를 추가로 연결해서 배선한다.

40핀 커넥터 타입   터미널 블록 타입

(1) 입출력 모듈의 종류

PLC 기본 모듈에는 입력 모듈과 출력 모듈이 있다. 입력 모듈의 종류에는 DC 입력 모듈, AC 입력 모듈이 있고, 출력 모듈의 종류에는 접점 출력 모듈, 트라이액 출력 모듈, 트랜지스터 출력 모듈이 있다. 외부에 연결될 부하(load)의 전기적인 특성에 따라 적합한 방식을 선택해서 사용해야 한다.

다음 표는 입출력 모듈 중 많이 사용되는 종류를 나열한 것이다.

입출력 모듈의 종류

점수	입력 모듈				출력 모듈			
	AC 입력 모듈		DC 입력 모듈 (DC 24V)		접점 출력 모듈	트라이액 출력 모듈	트랜지스터 출력 모듈	
	AC100 ~120V	AC100 ~240V	플러스 코먼	마이너스 코먼	릴레이 타입	AC 타입	DC 싱크 타입	DC 소스 타입
8점		QX28			QY18A			
16점	QX10		QX40	QX80	QY10	QY22	QY40P	QY80
32점			QX41	QX81			QY41P	QY81P
64점			QX42	QX82			QY42P	QY82P

(2) AC 입력 모듈 QX10

QX10은 터미널 블록 타입이다. I/O indicator LED가 있어서 입력 접점에 신호가 들어오면 어느 신호가 들어왔는지 숫자를 보고 알 수 있다.

신호의 명칭과 터미널 블록에 있는 단자의 번호가 다를 수 있으므로 단자대를 사용할 때는 항상 매뉴얼을 참고한다. PLC 프로그램에서는 번호를 0부터 시작하지만, 단자대 번호는 1부터 시작하므로 항상 조심해야 한다.

① QX10의 각부 명칭

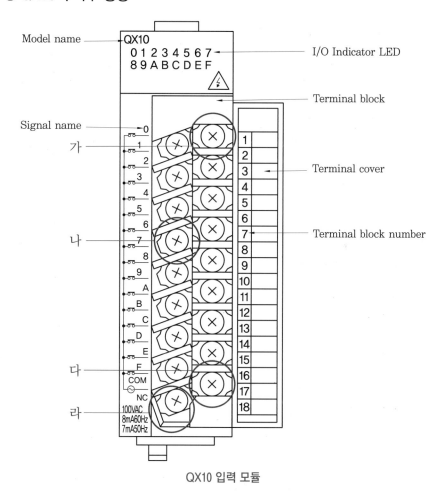

QX10 입력 모듈

플러스⁺⁺

위 그림에서 가~라 단자의 Terminal block number와 Signal name은 다음과 같다.

가 - TB1/X00   나 - TB8/X07   다 - TB17/COM   라 - TB18/NC (Not Connect)

※ NC는 연결하지 말고 "비워둔다(vacant)"는 의미이다.

터미널 블록의 번호는 커버의 안쪽에 표기되어 있다. PLC의 접점 번호는 0
부터 시작하지만, 터미널 블록의 번호는 1부터 시작하기 때문에 특히 주의해야
한다. 접점 번호는 프로그래밍할 때 필요하고 터미널 블록 번호는 배선할 때 필
요한데, 보통 현장에서는 프로그래밍하는 사람과 배선하는 사람이 다르기 때문
에 문제없다.

Signal name	Terminal block number
X00	TB1
X01	TB2
X02	TB3
X03	TB4
X04	TB5
X05	TB6
X06	TB7
X07	TB8
X08	TB9
X09	TB10
X0A	TB11
X0B	TB12
X0C	TB13
X0D	TB14
X0E	TB15
X0F	TB16
COM	TB17
Vacant	TB18

커버 바깥쪽   커버 안쪽

QX10의 시그널 명칭과 터미널 블록 번호

플러스⁺⁺

터미널 단자대 뿐만 아니라 커넥터의 핀 번호도 1번부터 시작한다. 다음 그림과 같은
D-sub 9핀 커넥터도 1번부터 9번까지로 표기한다.

② QX10 모듈 결선방법

입력 모듈 QX10의 외부 회로 결선방법은 다음 그림과 같다. 외부 회로에는 Terminal block number가 붙어 있다. TB1부터 TB16까지 모두 16개 단자에 연결할 수 있다는 그림이다.

맨 밑에 있는 TB17 단자는 COM 단자이므로 100V AC 전원의 한쪽 선을 연결한다. 100V AC 전원의 다른 쪽 선은 스위치를 거쳐서 입력 단자로 들어간다. 이것이 입력 모듈에 스위치를 이용하여 신호를 입력하는 방법이다.

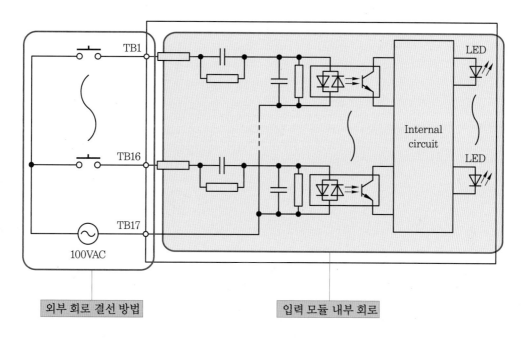

QX10의 외부 회로 결선방법

(3) DC 입력 모듈 QX41

다음 그림은 입력 모듈 QX41의 외형이다. QX41은 40핀 커넥터 타입이다. 접점이 32개이므로 I/O 표시 LED도 32개나 된다.

① QX41의 각부 명칭

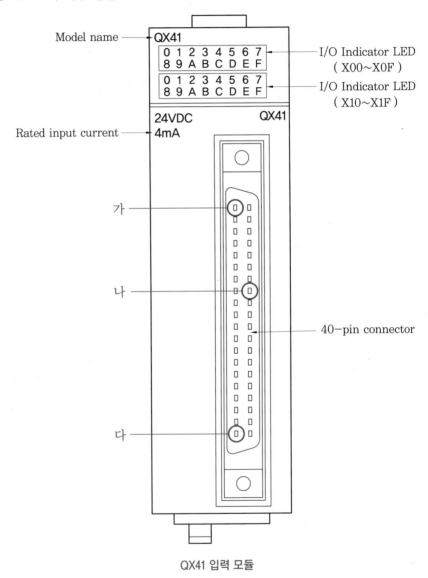

QX41 입력 모듈

플러스++

위 그림에서 가~다 단자의 Pin No.와 Signal No.는 다음과 같다.

가 - B20/X00   나 - A13/X17   다 - B1/COM

Pin-Outs	Pin No.	Signal No.	Pin No.	Signal No.
	B20	X00	A20	X10
	B19	X01	A19	X11
	B18	X02	A18	X12
	B17	X03	A17	X13
	B16	X04	A16	X14
	B15	X05	A15	X15
	B14	X06	A14	X16
	B13	X07	A13	X17
	B12	X08	A12	X18
	B11	X09	A11	X19
	B10	X0A	A10	X1A
	B09	X0B	A09	X1B
	B08	X0C	A08	X1C
	B07	X0D	A07	X1D
	B06	X0E	A06	X1E
	B05	X0F	A05	X1F
	B04	Vacant	A04	Vacant
	B03	Vacant	A03	Vacant
	B02	COM	A02	Vacant
	B01	COM	A01	Vacant

Module front view
(B20~B1, A20~A1)

QX41과 같이 40핀 커넥터 형태의 PLC 입력 모듈을 배선할 때는 접속용 케이블과 인터페이스 단자대와 같은 액세서리가 필요하다.

접속용 케이블

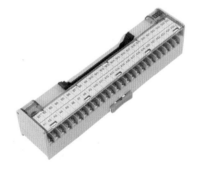

인터페이스 단자대

② QX41 모듈 결선방법

QX41의 외부 회로를 결선하려면 먼저 COM 단자의 극성에 주의해야 한다. QX41은 플러스 코먼 형태이므로 B01이나 B02 단자에 먼저 플러스(+)극을 연결하고 마이너스(−)극은 스위치를 통해 입력 접점으로 연결되도록 해야 한다.

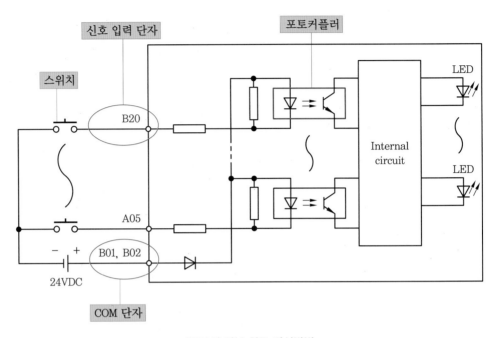

QX41의 외부 회로 결선방법

외부의 신호가 내부 회로로 연결될 때는 포토커플러에 의해서 절연(Isolation)
된다. 절연이라는 말은 신호는 전달되지만 전기적으로는 끊어져 있다는 의미이
다. 전기적으로 끊어져 있는데 어떻게 신호가 전달될까? 빛으로 전달된다. 포
토커플러 내부에 있는 LED에 불이 켜지면 포토트랜지스터가 빛을 감지하여 신
호를 만들어 낸다.

외부의 회로는 포토커플러의 LED에 불을 켜는 것이 최종 목표이다. 입력 모
듈의 내부 회로가 아무리 복잡해도 결국에는 포토커플러 속의 LED에 불만 켜
지면 된다.

플러스⁺⁺

포토커플러의 외형은 다음 사진과 같이 플라스틱 패키지에 4개의 핀이 달려 있다. 윗면
에 점이 찍혀 있는 핀이 1번 핀이다. 핀 번호는 시계 반대 방향으로 돌면서 순서대로 번
호를 붙이면 된다.

포토커플러

플러스⁺⁺

포토커플러는 다음 그림과 같이 구성되어 있다. LED와 포토트랜지스터가 하나의 패키지 속이 들어있으면서 서로 마주보고 있으므로 LED가 켜져 빛이 발사되면 외부 환경의 밝기에 상관없이 빛이 포토트랜지스터에 도달하게 된다.

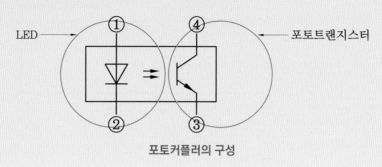

포토커플러의 구성

　　포토커플러는 PLC의 입력 모듈뿐만 아니라 각종 다양한 제어 기기에서 신호를 연결할 때 전기적인 노이즈의 차단용으로 사용된다. 이러한 노이즈 차단을 절연(Isolation)이라고 부른다. 전기적인 신호를 빛으로 바꿔서 전달함으로써 전기적인 노이즈가 완전히 차단되는 원리이다. 외부 회로의 합선이나 서지(Surge)에 의한 과전압이 들어 올 때 먼저 파괴됨으로써 입력 회로를 완전히 차단시켜 PLC의 CPU까지 파괴되어 시스템 전체가 멈추는 것을 막아주기도 한다.

　　PLC 입력 모듈 QX41의 외부 회로 결선의 일부를 떼어내어 LED가 켜지도록 어떻게 연결되었는지 생각해 보자.

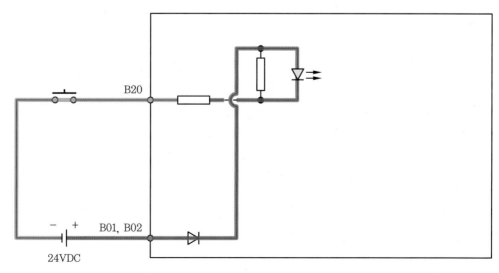

입력 모듈의 신호 입력 회로

위의 회로를 펴서 보면 다음과 같은 매우 간단한 회로가 된다. PLC의 입력 회로를 구성할 때는 이 간단한 회로를 잊지 말자.

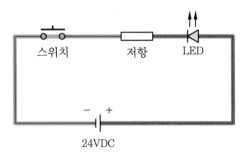

간단한 신호 입력 회로

(4) 접점 출력 모듈 QY10

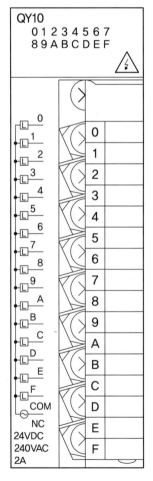

접점 출력 모듈 QY10

접점 출력 모듈은 출력부에 릴레이를 사용한다. 내부 회로(Internal circuit)에 의해 동작되는 릴레이의 a접점을 이용하여 출력 회로를 열거나 닫는 모듈이다.

릴레이의 접점은 전기적 극성이 없으므로 교류, 직류에 상관없이 회로를 열고 닫을 수 있다. 단지 릴레이는 반도체가 아니라 솔레노이드 코일과 기계적인 접점으로 이루어져 있어서 크기를 작게 할 수 없다는 단점이 있다.

그림에서 L은 부하(load)를 의미한다. 입력 모듈의 회로와 반대이다. 입력 모듈에서는 스위치가 밖에 있고 부하 역할을 하는 저항과 LED가 안에 있었지만, 출력 모듈에서는 부하가 밖에 있고 스위치가 모듈 안에 들어있는 것이다.

QY10의 결선도는 다음 그림과 같다. 릴레이 접점을 이용해서 출력 회로를 열고 닫기 때문에 부하에 걸리는 전원으로 교류 직류는 물론 직류의 극성도 어느 쪽이든 상관없다.

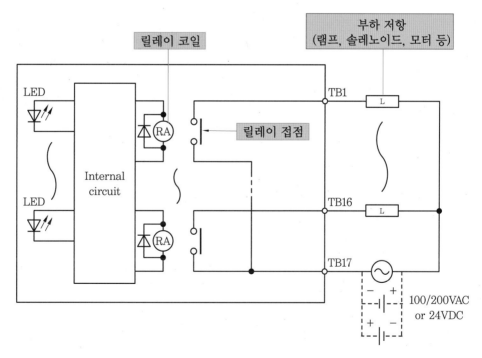

QY10의 결도

위의 회로에서 사용된 릴레이만 표시하면 다음 그림과 같다. 왼쪽 동그라미 부분이 릴레이 코일이고 오른쪽 부분이 접점이다. 코일이 켜지면 접점을 끌어 당겨서 붙게 되는 것을 형상화한 기호이다. 릴레이 코일 왼쪽의 화살촉 모양의 다이오드 기호는 회로 보호용 다이오드를 표시한 것이다.

릴레이 기호

이 다이오드가 없으면 코일이 켜졌다 꺼졌다 할 때 발생되는 역기전력에 의해 회로의 수명이 단축된다.

소형 릴레이 사진

QY10의 결선도에서 외부 결선 회로만 뽑아서 그려보면 다음 그림과 같다. 스위치와 부하 저항, 전원 이렇게 세 가지로 구성된 간단한 회로가 된다.

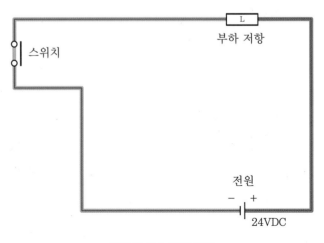

간단한 신호 출력 회로

(5) 트라이액 출력 모듈 QY22

QY22는 출력을 제어하는 부품으로 트라이액(TRIAC)이라고 하는 교류 제어용 반도체 소자를 사용한다. 릴레이는 동작 때 소리도 나고 스위칭 속도도 느리기 때문에 빠른 스위칭을 위한 교류 제어용 출력 모듈로 트라이액 타입을 사용한다.

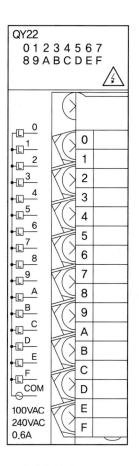

트라이액 출력 모듈 QY22

트라이액(TRIAC)은 3극으로 된 교류 제어용 소자이다. 두 개의 주전극과 한 개의 게이트 전극으로 되어 있다. 게이트 전극 G에 트리거 전류를 10~100mA 정도 흘려주면 주전극 1과 T2 사이에 전류가 흐르게 된다.

주전극 사이에 한번 전류가 흐르기 시작하면 주전극 사이의 전압이 0V가 되어야 끊어진다. 교류는 매 주기마다 0V가 되므로 게이트 전류가 없어지면 끊어진다. 직류는 주전극 사이의 전압이 일정하게 유지되므로 0V가 될 수 없어 한번 켜지면 꺼지지 않아서 제어가 불가능하다.

트라이액의 기호

QY22의 결선도는 다음 그림과 같다. 내부 회로에 의해 만들어진 신호가 포토커플러를 통해 외부 회로로 전달된다. 이때 전기적 절연을 위해 사용되는 포토커플러는 교류용 포토 트라이액 커플러이다. 회로에 포함된 스너버(Snubber) 회로는 트라이액으로 스위칭할 때 전압이 급격히 증가하는 것을 막아준다.

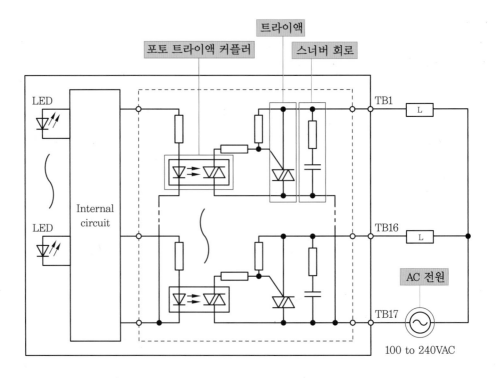

QY22의 결선도

(6) 트랜지스터 출력 모듈 QY41P

트랜지스터 출력 모듈은 DC 12~24V 직류 제어용이다. 앞에서 설명한 접점 출력 또는 트라이액 출력 모듈에 비해 최대 부하 전류가 작은 편이다. 트랜지스터 출력 모듈의 최대 부하 전류는 0.1A/1점, 2A/1COM이다. 전류가 초과하는 상황에는 출력 소자가 파괴될 수 있으므로 주의해야 한다.

트랜지스터의 종류에는 접합형 트랜지스터(BJT), 접합형 전계 효과 트랜지스터(JFET), 금속 산화막 반도체 전계 효과 트랜지스터(MOSFET) 등이 있다.

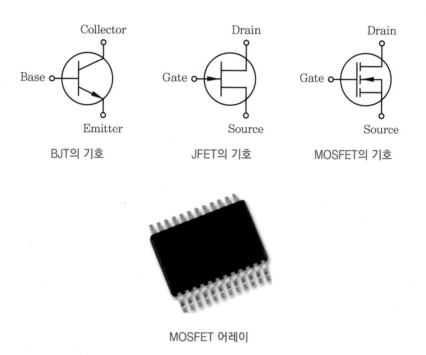

| BJT의 기호 | JFET의 기호 | MOSFET의 기호 |

MOSFET 어레이

트랜지스터 출력 모듈에 사용되는 트랜지스터는 MOSFET이다. PLC 모듈을 소형화하기 위해 실제로는 8채널 어레이 형태를 4개 부착한 구조로 되어 있다.

트랜지스터 출력 모듈은 접점에 직접 솔레노이드나 램프를 연결하여 사용할 수 있으나 모터는 릴레이를 거쳐서 사용하는 것이 안전하다. 모터는 무부하 상태일 때는 전류가 작지만, 부하가 걸리면 전류가 증가하여 결국 출력 접점의 최대 전류를 초과할 가능성이 있으므로 주의해야 한다.

플러스++

BJT와 MOSFET의 차이점

BJT	MOSFET
NPN, PNP로 구분	N형, P형으로 구분
전류 제어	전압 제어
베이스 전류로 제어	게이트 전압으로 제어
입력 임피던스가 낮다.	입력 임피던스가 높다.
스위칭 속도가 느리다.	스위칭 속도가 빠르다.
저전류용	고전류용

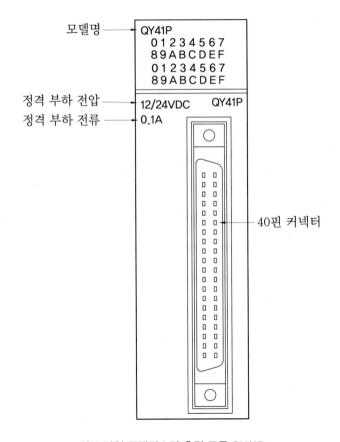

싱크 타입 트랜지스터 출력 모듈 QY41P

다음 그림은 QY41P의 결선도이다. 주의해야 할 것은 이 모듈은 전원의 양극 (+)과 음극(−)이 모두 연결되어야 실제 출력이 나온다는 것이다. 맨 왼쪽에 보이는 LED는 출력 표시 LED인데 회로도에서 보는 것처럼 출력과는 별도로 켜지게 되어 있다. 다시 말해서, PLC가 RUN 상태가 되어 접점의 출력 표시 LED가 켜지더라도 실제로 출력은 나오지 않을 수도 있다는 것이다.

플러스⁺⁺

이 모듈은 +/− 모두 연결해야 출력이 나온다.

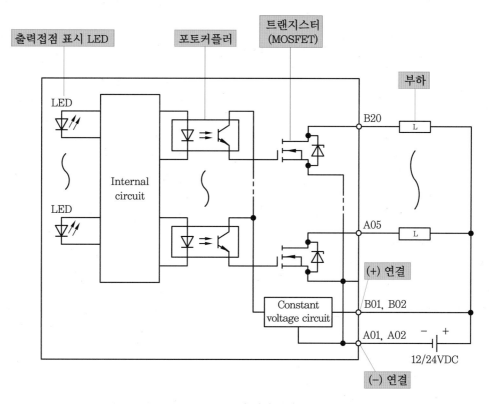

QY41P의 결선도

QY41P의 결선도에서 B20 단자의 출력이 있는 경우에 대해서만 전류의 흐름을 표시해 보면 다음 그림과 같다. 이 회로의 MOSFET는 포토커플러에 의해 HIGH 신호를 받으면 전류가 흐게 된다.

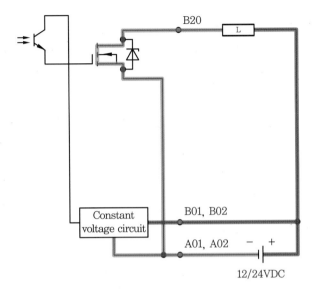

간단한 신호 출력 회로

N 채널 MOSFET를 사용하는 출력 모듈은 음극(−) 출력에만 사용된다. 양극 (+) 출력에는 P 채널 MOSFET를 사용해야 하므로 이 모듈은 사용할 수 없다. 미쓰비시 PLC에서는 두 가지를 싱크 타입과 소스 타입으로 부르고 있다.

> **플러스⁺⁺**
>
> • 싱크 타입 : 출력 접점에서 (−) 전기가 나오는 타입
> • 소스 타입 : 출력 접점에서 (+) 전기가 나오는 타입

(7) 트랜지스터 출력 모듈 QY81P

트랜지스터 출력 모듈도 DC 12~24V 직류 제어용이지만, QY41P와 다른 점은 출력 극성이다. QY41P는 (−) 전기가 나오는 싱크 타입이지만, QY81P는 (+) 전기가 나오는 소스 타입의 출력 모듈이다.

싱크 타입과 소스 타입의 외형이 똑같아서 모양으로는 구분이 되지 않으므로 반드시 모델명을 확인하고 사용해야 한다.

싱크 타입과 소스 타입의 회로에서 차이점은 MOSFE의 타입이 반대라는 점이다. 다시 한번 기억하자. N형 MOSFET는 (−) 출력에, P형 MOSFET는 (+) 출력에 사용한다.

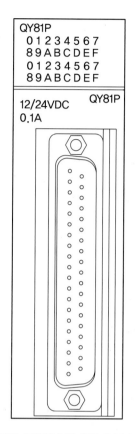

소스 타입 트랜지스터 출력 모듈 QY81P

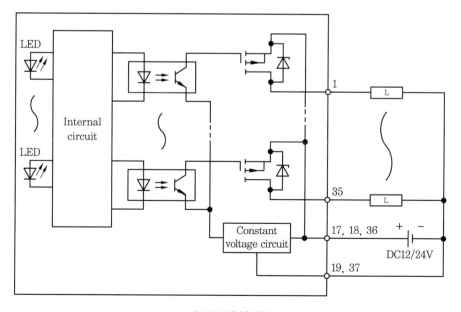

QY81P의 결선도

(8) 입출력 모듈의 선두번지 지정

MELSEC PLC의 I/O 주소 할당은 PLC Parameter의 I/O Assignment에서 설정한다.

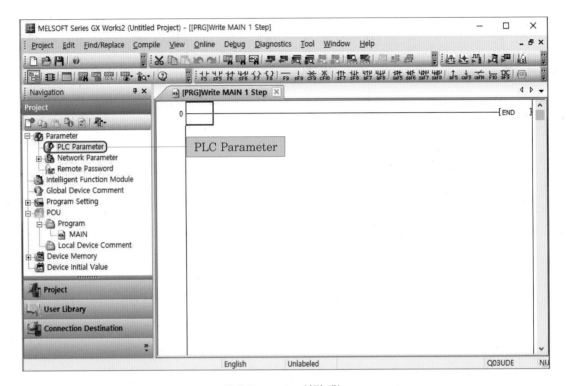

PLC Parameter 설정 메뉴

다음의 예에서처럼 Input 모듈이 32Points를 갖고 시작 주소가 0000이라면 0번~1F번까지 사용되므로 두 번째 모듈인 Output 모듈의 시작 주소는 0020이 된다. Input 주소의 접두어는 X이고 Output 주소의 접두어는 Y이다.

I/O Assignment(*1)						
No.	Slot	Type		Model Name	Points	Start XY
0	PLC	PLC	▼		▼	
1	0(*-0)	Input	▼	QX41	32Points ▼	0000
2	1(*-1)	Output	▼	QY41P	32Points ▼	0020
3	2(*-2)		▼		▼	
4	3(*-3)		▼		▼	
5	4(*-4)		▼		▼	
6	5(*-5)		▼		▼	
7	6(*-6)		▼		▼	

I/O Assignment 설정 창

32점을 갖는 Input 모듈의 주소가 X00~X1F까지이고, 그다음 슬롯에 32점을 갖는 Output 모듈의 주소가 Y20~Y3F까지일 때 접점의 주소를 정리해 보면 다음 표와 같다.

Input 모듈과 Output 모듈의 I/O 할당

Input 모듈		Output 모듈	
X00	X10	Y20	Y30
X01	X11	Y21	Y31
X02	X12	Y22	Y32
X03	X13	Y23	Y33
X04	X14	Y24	Y34
X05	X15	Y25	Y35
X06	X16	Y26	Y36
X07	X17	Y27	Y37
X08	X18	Y28	Y38
X09	X19	Y29	Y39
X0A	X1A	Y2A	Y3A
X0B	X1B	Y2B	Y3B
X0C	X1C	Y2C	Y3C
X0D	X1D	Y2D	Y3D
X0E	X1E	Y2E	Y3E
X0F	X1F	Y2F	Y3F

1-3   PLC 연결

프로그램을 작성해서 PLC에 다운로드하거나 PLC의 상태를 모니터링하기 위해서는 PLC의 CPU 모듈에 있는 접속 포트와 컴퓨터를 연결해야 한다. MELSEC PLC를 컴퓨터에 연결할 때는 USB 케이블 또는 Ethernet 케이블을 이용해서 연결한다.

■ USB 포트 연결

USB 포트는 모든 MELSEC PLC에 있으므로 USB 연결 방법부터 설명하겠다. USB로 연결할 때 PLC 쪽은 Mini-B Type으로 되어 있으므로 여기에 맞는 케이블을 이용해야 한다.

USB 케이블

Mini-B Type   A Type

MELSEC PLC용 USB 케이블

PLC의 CPU 모듈 앞쪽에 USB 포트를 덮어 놓은 커버가 있다. 이 커버를 열고 USB 케이블의 Mini-B Type 커넥터를 꽂으면 된다.

PLC의 USB 포트 커버

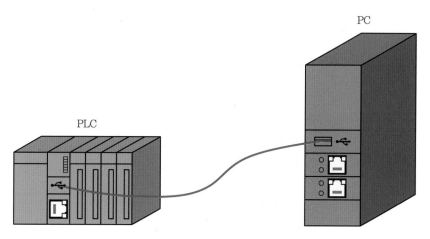

USB 포트를 이용한 연결방법

USB 포트에 MELSEC PLC가 올바로 연결되었는지 확인하기 위해서 컴퓨터의 장치관리자를 열어서 범용 직렬 버스 컨트롤러 항목에 MITSUBISHI Easysocket Driver가 있는지 확인한다. 이 드라이버가 설치되지 않았다면 수동으로 설치해야 한다.

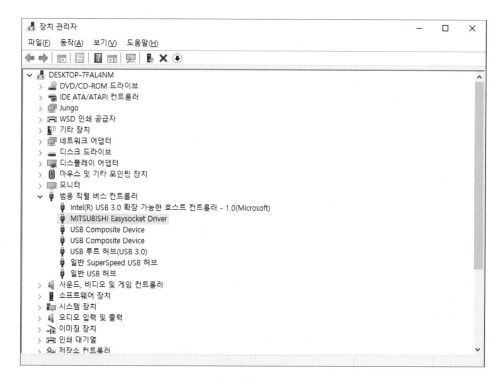

컴퓨터 장치관리자

USB 케이블이 연결되었으면 GX Works2에서 연결 설정을 해야 한다. 연결 설정을 하려면 GX Works2의 Navigation 창에서 Connection Destination 을 누른다.

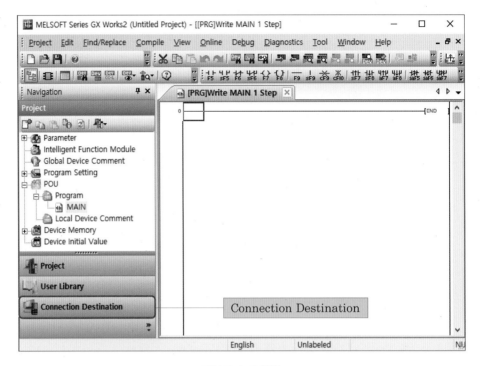

GX Works2 화면

Navigation 창은 Project, User Library, Connection Destination으로 구성되어 있다. Project의 Parameter는 프로그램과 관련된 I/O 할당이나 디바이스 크기 등을 설정할 때 사용된다. Program Setting은 작성할 프로그램을 추가하고 프로그램을 초기에 한번 실행할 것인지, 계속 반복 실행할 것인지, 일정 시간에 한번씩 실행할 것인지를 설정할 때 사용된다. POU는 Program Organization Unit의 약자이다. 프로그램에 Title을 넣으면 여기에 표시된다.

Connection Destination을 누르기 전에 PLC의 전원이 ON되어 있는지, 통신 케이블은 연결되어 있는지 확인하기 바란다. 종종 하드웨어적으로 연결이 불가능할 때가 있으므로 GX Works2에서 연결을 시도하기 전에 꼭 확인해야 한다.

Connection Destination에서 Connection1을 더블클릭한다. 두 개가 뜨는데 어느 것을 클릭해도 상관없다.

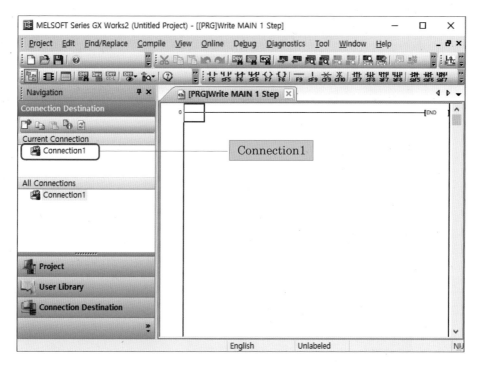

GX Works2 화면

Connection1을 더블클릭하면 Transfer Setup Connection1 창이 뜬다. 여기서 PC side I/F의 Serial/USB를 클릭하고, Setting 창에서 USB를 선택하고 OK 버튼을 누른다.

PC side I/F Serial Setting 창

PLC side I/F는 PLC Module을 선택한다. 별도의 특수 모듈을 사용하지 않고 PLC CPU 모듈에 있는 접속 포트를 사용한다는 의미이다.

Other Station Setting은 No Specification을 선택한다. 참고로 I/F는 Interface의 단축 표현이다.

설정이 다 되었으면 Connection Test 버튼을 눌러 접속 포트를 통해 컴퓨터에서 PLC Type을 자동으로 찾아지는지 확인한다.

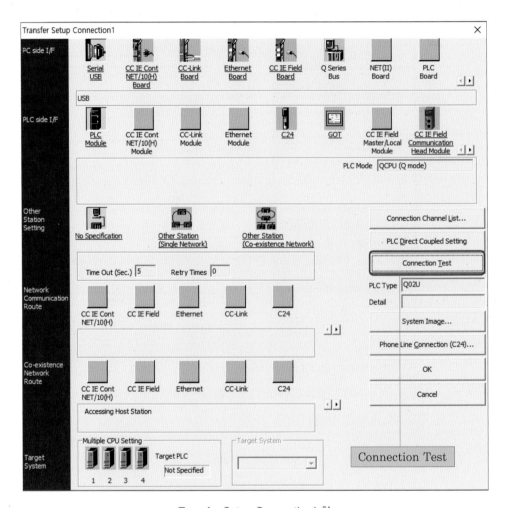

Transfer Setup Connection1 창

2 이더넷 포트 연결

(1) 이더넷 포트 직접 연결

PLC를 컴퓨터에 Ethernet을 이용해서 접속할 때는 컴퓨터에 있는 네트워크 어댑터를 이용해야 한다. 컴퓨터와 PLC 사이를 직접 연결하는 방식과 HUB를 통해서 연결하는 방식이 있다. 좀 더 간단한 직접 연결 방식을 먼저 설명하겠다.

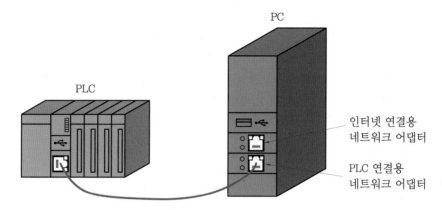

Ethernet 포트 직접 연결 방식

위의 그림과 같이 Ethernet 케이블을 사용하여 네트워크 어댑터에 연결해 놓고 GX Works2의 Transfer Setup Connection1 창에서 PC side I/F를 Ethernet Board로 선택한다.

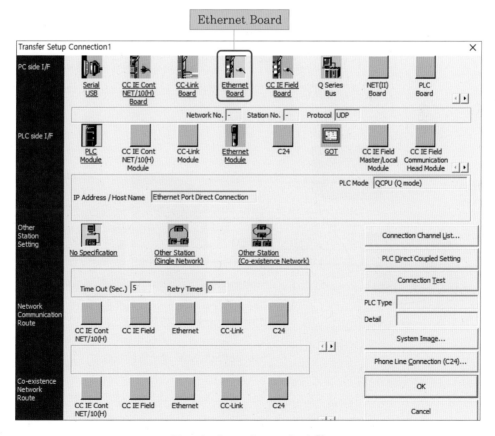

Transfer Setup Connection1 창

PLC side I/F에서 PLC Module을 더블클릭하면 직접 연결과 HUB를 통한 연결을 선택할 수 있는 창이 뜬다. 여기서 Ethernet Port Direct Connection 을 선택하고 OK 버튼을 누른다. 설정이 완료되면 이번에도 Connection Test 버튼을 눌러 Ethernet 포트를 통해 컴퓨터에서 PLC Type이 자동으로 찾아지 는지 확인한다.

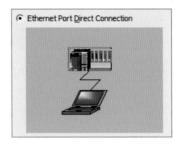

Ethernet Port Direct Connection

(2) 이더넷 포트 HUB 경유 연결

PLC를 Ethernet 포트를 통해서 컴퓨터에 연결할 때 HUB를 사용하면 편리 하다. 시스템 구성은 다음 그림과 같다.

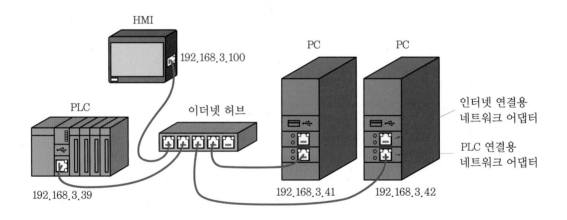

Ethernet 포트 HUB 경유 연결 방식

Connection 설정의 PLC side I/F에서 PLC Module을 더블클릭하고 Connection via HUB를 선택한다.

HUB 경유 연결 방식을 선택하면 IP Address를 입력하게 되어 있다. PLC가 컴퓨터에 HUB를 통해 연결되어 있다면 PLC에 전원을 넣고 설정 창 아래쪽에 있는 Find CPU(Built-in Ethernet port) on Network 버튼을 클릭하면 IP Address가 자동으로 입력된다.

일반적으로 미쓰비시 PLC의 초기 IP Address는 192.168.3.39이다.

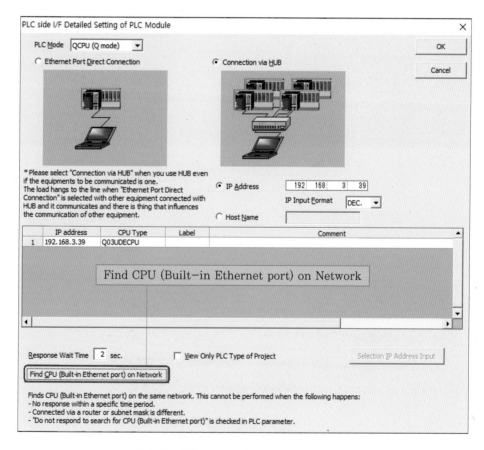

PLC side I/F Detailed Setting of PLC Module

(3) 네트워크에서 PLC CPU 찾기 오류 해결 방법

네트워크 어댑터가 2개 이상이면 케이블 연결이 잘 되어 있어도 PLC CPU를 찾지 못할 때가 있다. 네트워크 케이블이 잘 꽂혀 있는데도 GX Works2에서 PLC CPU를 찾지 못한다면 IPv4 경로에 대한 자동 메트릭 기능을 확인해 봐야 한다. 컴퓨터의 Windows PowerShell에서 get-netipinterface를 실행하면 이더넷 어댑터들의 인터페이스 메트릭(Interface Metric)을 볼 수 있다. 번호가 작을수록 우선순위가 높다.

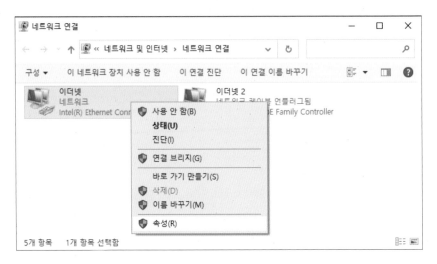

Windows PowerShell 화면

이더넷 어댑터들의 우선순위를 변경하려면 컴퓨터의 네트워크 연결 보기에서 우선순위를 설정하려는 이더넷의 속성 창을 연다.

네트워크 연결 보기

이더넷 어댑터의 속성 창을 열고 인터넷 프로토콜 버전 4(TCP/IPv4)의 속성 창에서 고급 버튼을 누르면 [고급 TCP/IP 설정] 창이 뜬다. 여기서 자동 메트릭의 체크를 없애고 인터페이스 메트릭에 숫자를 넣는다.

예를 들어 컴퓨터에 두 개의 네트워크 어댑터를 설치하고 각각 인터넷과 PLC를 연결하는 데 사용한다면 PLC용 네트워크 어댑터에는 20, 인터넷용 네트워크 어댑터는 40을 입력해 놓으면 GX Works2에서 네트워크 어댑터를 통해 PLC를 검색할 때 PLC용 네트워크 어댑터를 우선하여 검색하게 되므로 PLC CPU 모듈 찾기에 성공하게 된다.

네트워크 어댑터 고급 TCP/IP 설정

Chapter

2

PLC 프로그래밍

2 PLC 프로그래밍

2-1 PLC 프로그램의 개념

1 프로그램의 구성

MELSEC PLC는 주로 래더 다이어그램(Ladder Diagram)을 사용하여 프로그래밍한다. 래더 다이어그램은 전기 회로 형태의 논리 회로를 보는 것과 같아서 명령어 리스트 형태의 코딩 방식에 비해 이해가 빠르고 쉽게 배울 수 있다는 장점이 있다.

래더 다이어그램은 전기 배선도와 같은 형태의 그림으로 되어 있지만 실제로는 시퀀스 명령, 기본 명령, 응용 명령 등을 사용하여 작성된 것이라고 볼 수 있다.

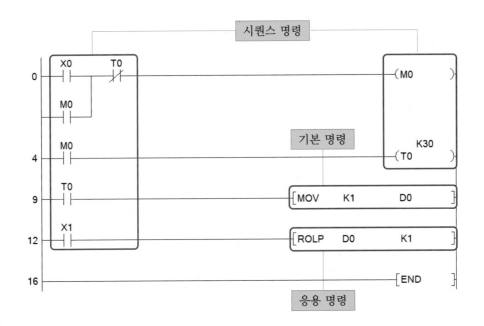

명령어 코딩 대신 사용되는 래더 다이어그램

래더 다이어그램은 릴레이 제어의 시퀀스 회로를 기본으로 하는 프로그래밍 방식이다. 시퀀스 회로도를 그린다는 생각으로 프로그래밍하면 논리적으로 크게 잘못되지 않는다.

래더 다이어그램에서는 래더 블록을 기본 단위로 하여 프로그래밍한다. 래더 블록은 시퀀스 프로그램을 연산하는 최소 단위이다. 래더 블록은 왼쪽 모선에서 시작해서 오른쪽 모선으로 끝난다.

시퀀스 프로그램의 래더 블록은 많은 개수의 접점으로 만들어지게 된다. PLC 프로그램을 처음 하는 사람은 이 접점에 대한 개념을 정확히 가지고 있어야 PLC 프로그래밍을 정확하게 배울 수 있다.

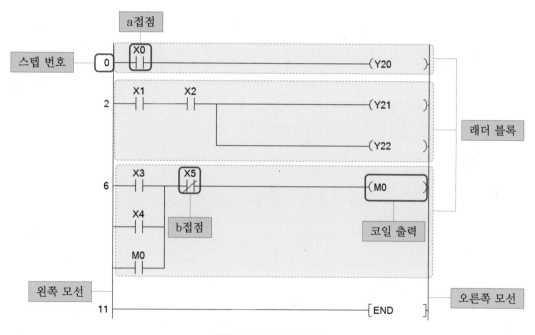

시퀀스 프로그램의 구조

2 접점의 역할

PLC 프로그램은 무수히 많은 접점으로 이루어져 있다. 그러면 이 접점이란 회로에서 어떤 역할을 하는 것일까?

스위치를 사용하여 전구에 불을 켰다 껐다 하는 것을 예로 들어 본다. 다음 그림을 보면 현재 전구에는 불이 들어와 있지 않다. 이것은 스위치가 연결되어 있지 않기 때문이다.

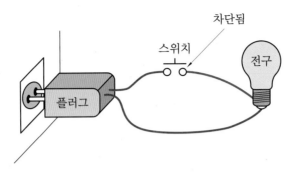

전구가 꺼져 있는 상태

콘센트에서 플러그를 통해 전선 두 가닥이 나와서 이 중 한 개는 스위치로, 나머지 한 개는 램프로 들어가고 있다.

여기서 중요한 것은 한쪽은 스위치를 연결해서 전기를 차단시켰고, 다른 한쪽은 스위치를 거치지 않고 전기가 항상 연결되어 있도록 한 것이다. 즉 전기 회로는 한쪽만 끊어져 있어도 전류를 차단할 수 있어서 굳이 양쪽에 모두 스위치를 달지 않는다. 스위치는 전기의 흐름을 연결하고 차단하는 기능을 하는 것이다.

플러스⁺⁺

전기는 양쪽이 모두 연결되어야 흐를 수 있으므로 중간에 한 곳이라도 스위치에 의해서 끊어져 있으면 전기의 흐름은 차단된다.

스위치를 누르면 스위치가 전선을 연결하는 역할을 하여 양쪽이 모두 연결되므로 불이 켜지게 된다.

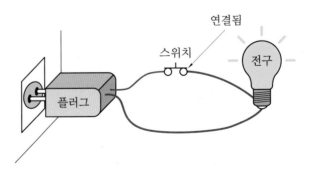

전구가 켜진 상태

스위치는 레버를 달아 전환시키는 형태도 있고, 푸시버튼처럼 눌렀다 놓았다 하는 형태도 있다.

이처럼 동작에 따라 전기 회로를 연결하기도 차단하기도 하는 것은 모두 접점이라고 한다. 전기 회로에서 접점의 역할을 하는 것은 스위치 외에도 릴레이, 마그네틱콘택트, 센서 등 다양한 종류가 있다.

❸ 논리 회로

접점의 상태를 출력의 조건으로 만든 것을 논리 회로라고 한다. 논리 회로라고 하면 대표적으로 AND, OR, NOT 회로가 있다.

전기 회로로 AND 회로를 만들면 다음과 같다. 푸시버튼 두 개를 직렬로 연결해 놓은 것으로서 푸시버튼 두 개를 모두 눌러야 릴레이가 동작한다는 논리이다. 논리 회로에서 릴레이는 상관없다. 릴레이는 단지 출력 장치이기 때문이다. 출력 장치는 논리에 포함되지 않는다.

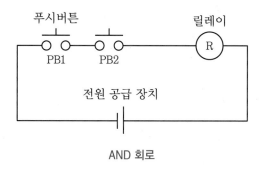

AND 회로

논리 회로라는 것은 "어떤 조건에서 출력이 나오는가?" 라고 하는 질문에 대해 있을 수 있는 경우를 모두 따져봐서 만들어진 회로이다. 이때 논리라는 것은 그 "어떤 조건"에 해당한다. 위의 AND 회로에서는 두 개의 푸시버튼을 모두 눌러야 출력이 ON된다. 따라서, 릴레이 R이 ON되는 AND 조건은 "두 개의 푸시버튼을 모두 누른다."이다.

모든 경우의 수를 표로 만든 것을 진리표(truth table)라고 한다.

AND 회로의 진리표

PB1	PB2	R
안 누름	안 누름	OFF
누름	안 누름	OFF
안 누름	누름	OFF
누름	누름	ON

OR 회로는 어떻게 표현될까? 푸시버튼 두 개를 병렬로 연결하면 된다. OR 회로란 위쪽에 있는 버튼 또는 아래쪽에 있는 버튼 중에 하나만 눌러도 릴레이가 켜지도록 배선한 것이다. 여기서 "또는"이라는 말이 중요하다. OR라는 말은 우리말로 "또는"에 해당한다. 그 의미는 두 가지 모두는 필요 없고 둘 중에 하나만 있어도 된다는 말이다. 물론 두 개의 푸시버튼을 모두 눌러도 릴레이가 켜지는 것은 당연한 것이다.

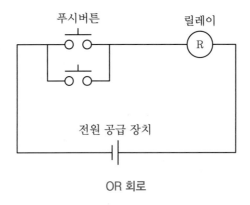

OR 회로

다음은 OR 회로의 진리표이다. 두 개의 푸시버튼 중 한 개라도 누르면 릴레이가 ON되는 회로라는 것이 명확하게 표현되어 있다.

OR 회로의 진리표

PB1	PB2	R
안 누름	안 누름	OFF
누름	안 누름	ON
안 누름	누름	ON
누름	누름	ON

가장 단순한 논리 회로는 "푸시버튼을 누르면 릴레이가 켜진다." 라는 논리 회로라고 생각할 수도 있겠다. 이런 것을 정논리(positive logic)라고 한다. 반대로 "푸시버튼을 누르면 릴레이가 꺼진다."라고 하면 부논리(negative logic)가 된다. 여기서, 부논리를 만드는 것이 NOT이다. NOT 논리라는 것은 안 누르면 켜지고 누르면 꺼지는 것이다.

NOT 회로의 진리표

PB1	R
안 누름	ON
누름	OFF

이것을 전기 회로로 표현하면 다음 그림과 같이 두 개의 그림으로 그려 볼 수 있다. 하나는 정논리이고 하나는 부논리이다.

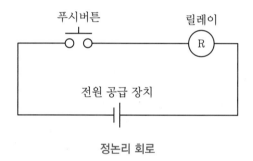

정논리 회로

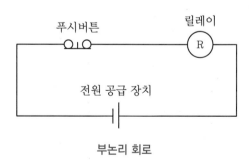

부논리 회로

그림 두 개가 똑같아 보이지만 자세히 보면 푸시버튼의 기호가 약간 다르다. 정논리 회로는 버튼의 가동 접점이 위로 올라와서 약간 떠 있고, 부논리 회로는 가동 접점이 아래쪽으로 내려가서 두 개의 작은 동그라미에 살짝 붙어 있다.

4 **a접점과 b접점**

이렇게 정논리로 사용되는 접점을 a접점이라고 하고, 부논리로 사용되는 접점을 b접점이라고 한다. 여기서, a는 독일어로 arbeiten(일하다)라는 글자의 첫 글자이고, b는 독일어로 brechen(부서지다)라는 글자의 첫 글자이다. 말의 뜻을 생각해 보면 a접점은 눌렀을 때 회로가 연결되어 일을 하는 접점이라는 말이고, b접점은 눌렀을 때 회로가 끊어진다는 말이라고 이해할 수 있다.

전기 회로에서 a접점은 손으로 누르면 전기가 통하는 접점이므로 평상시에는 접점이 벌어져 있다. 접점이 벌어져 있다는 말을 "열려 있다"라고 부른다.

그래서 a접점은 우리말로는 "상시 열림"이라고 하고, 영어로는 "Normally Open"이라고 한다. 줄여서, "N.O"라고도 쓴다.

b접점은 "상시 닫힘"이라고 하고, 영어로는 "Normally Closed"하고 해서 "N.C"라고도 쓴다.

플러스⁺⁺

우리의 일상생활에서는 닫히면 통하지 않고 열리면 통한다고 생각한다.
그러나 전기 회로에서는 반대다. 전기 회로에서는 닫히면 통하고, 열리면 끊긴다.

닫히면 → 통한다. / 열리면 → 끊긴다.

구분	a접점 (N.O)	b접점 (N.C)
평상시 상태	스위치 전기 상시 열림	스위치 전기 상시 닫힘
버튼을 누른 상태	스위치 전기 누르면 닫힘	전기 스위치 누르면 열림

a접점과 b접점

다음 사진은 푸시버튼 스위치를 분해하여 접촉점이 보이도록 한 것이다.

　내부 구조는 줄기에 잎이 나와 있는 구조다. 가운데 있는 하얀 막대가 스템(stem)이고, 옆으로 난 잎 같은 것은 접점이다. 위쪽에 붙어 있는 것이 b접점이고 중간에 떠 있는 것이 a접점이다. 스템을 누르면 a접점이 아래쪽에 붙는다. 손을 놓으면 맨 아래의 스프링에 의해 복귀된다.

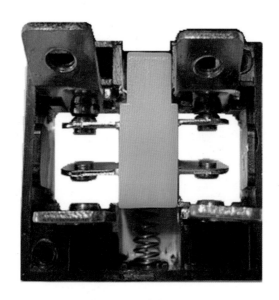

푸시버튼 스위치의 실제 구조

5 래더 다이어그램

PLC 프로그래밍을 한다는 것은 논리 회로가 포함된 전기 회로를 전선으로 배선하는 대신 컴퓨터 화면에 전기 회로를 그리는 방식으로 논리 회로를 표현하는 것이다. 컴퓨터는 사람이 그려놓은 논리 회로를 컴퓨터 프로그램으로 바꿔서 실행한다. 물론 이 방법은 PLC 프로그래밍 언어 중 래더 다이어그램 방식인 경우이지만 PLC 프로그래밍을 한다면 당연히 할 줄 알아야 하는 방식이다.

다음과 같이 AND 조건이 있는 전기 장치를 PLC를 사용해서 만든다고 생각해 보자.

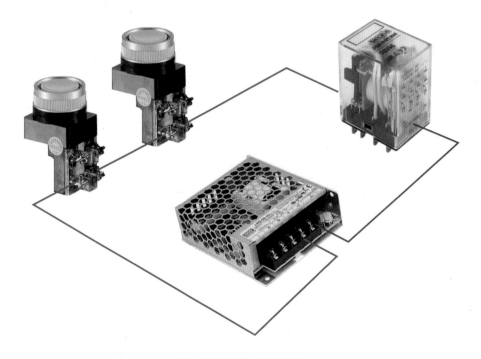

AND 조건이 있는 전기 회로

PLC를 사용하면 푸시버튼과 릴레이 전원 공급 장치가 모두 필요 없어질까요? 그런 것은 아니다. 그러면 연결해야 하는 푸시버튼의 개수가 2개에서 1개로 줄어드나요? 그것도 아니다. 그러면 왜 PLC를 사용하나요?

PLC 프로그래밍을 한다는 것은 전선 회로의 배선을 PLC에 연결하는 "배선"으로 바꾸는 것이 아니라 "래더 다이어그램"으로 바꾸는 것이다.

개념을 이해하기 위해 다음과 같은 그림을 그려놓았다. PLC에 푸시버튼 2개를 연결할 때는 AND 조건이 반영되지 않는다. AND 조건은 PLC 래더 다이어그램에 반영된다.

이 그림에서 알 수 있듯이 PLC 래더 다이어그램은 PLC 입출력 회로를 반영하는 것이 아니라 원래 있던 전기 회로의 논리 조건을 반영한 것이다. 따라서 복잡한 논리 회로는 PLC 래더 다이어그램으로 대체되고, PLC 배선은 매우 단순해진다.

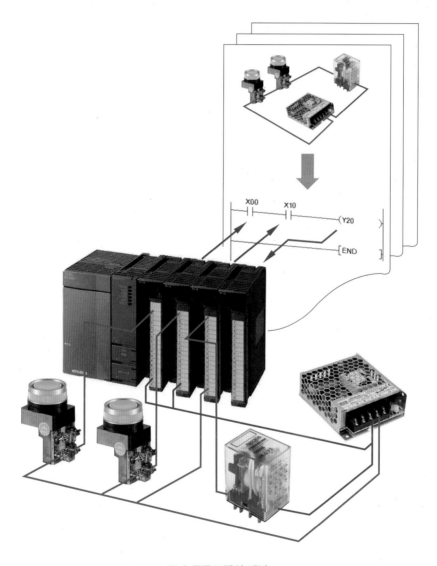

PLC 프로그램의 개념

6 래더 다이어그램의 흐름

래더 다이어그램에 대한 이해를 돕기 위해 흘러가는 강물에 비유하여 설명하겠다. PLC 래더 다이어그램의 왼쪽 모선은 강물 상류이고 오른쪽 모선은 강물 하류라고 생각할 수 있다. 가로 선은 강물이 흘러가는 파이프라고 생각할 수 있다.

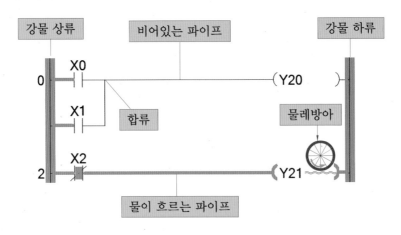

래더 다이어그램의 개념

─┤├─ a접점은 평상시에 끊어진 부분이고, 신호가 들어가면 반전된다.

─┤╱├─ b접점은 평상시에 연결된 부분이고, 신호가 들어가면 반전된다.

─( )─ 출력 코일은 강물이 흐르면 돌아가는 물레방아로 볼 수 있다.

위의 그림에서 물레방아가 돌려면 두 가지를 만족해야 한다.
첫째, 상류의 강물이 접점을 통해 흘러들어와야 한다.
둘째, 물레방아를 돌린 물은 하류 쪽으로 빠져나가야 한다.
이렇듯 PLC의 출력 코일이 작동하려면 래더 다이어그램은 왼쪽 모선과 오른쪽 모선에 모두 연결되어 있어야 한다. 중간에서 끊기면 안 된다.

그림에서 a접점으로는 물이 흐르지 않고 b접점으로는 물이 흘러 들어가는 것을 볼 수 있다. a접점이나 b접점에 신호가 들어간다면 반전된다.
래더 다이어그램에서는 합류도 가능하다. 위의 그림에서 X0 또는 X1 중 어느 하나에라도 신호가 들어가면 Y20에 있는 물레방아가 돌아간다.

2-2 GX Works2 사용법

1 네비게이션

위쪽에는 Project, Edit, Find/Replace, Compile, View, Online, Debug, Diagnostics, Tool, Window, Help 메뉴가 있고 왼쪽에는 Navigation 창이 있다.

작성 중이던 프로그램이 화면에서 사라지면 왼쪽의 Navigation에서 MAIN을 더블클릭하면 다시 나타난다. Navigation 창이 없어지면 Navigation 아이콘을 누른다.

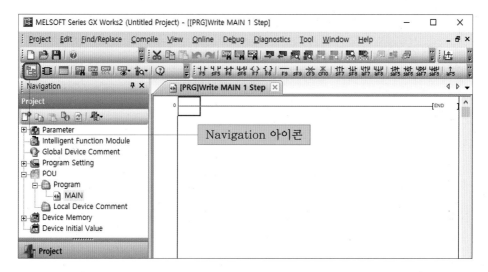

Navigation이 켜져 있는 화면

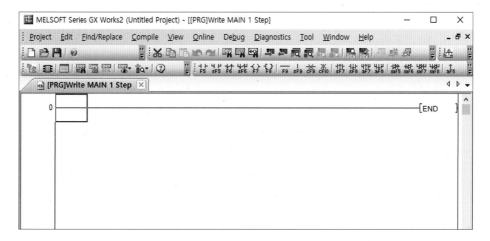

Navigation이 꺼져 있는 화면

2 래더 심벌 입력

래더 방식으로 프로그램을 할 때는 툴박스를 사용하거나 단축키를 사용한다. F5 단축키를 사용하는 것이 a접점이고, F6 단축키를 사용하는 것이 b접점이다. F7 단축키를 사용하는 것은 출력 코일이다.

플러스⁺⁺

- F5 : a접점
- F6 : b접점
- F7 : 출력(릴레이, 타이머, 카운터 등)
- F8 : 응용 명령어(MOV, SET, RST 등)
- F9 : 가로선
- Shift + F9 : 세로선

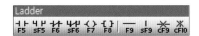

Ladder 툴바

플러스⁺⁺

b접점의 기호에 사선이 있는 것은 접점이 끊어져 있다는 의미가 아니라 "평상시에 연결되어 있다"는 의미이다.

(1) a접점 심벌 입력 방법

편집 화면에서 접점을 입력해야 하는 곳에 커서를 가져다 놓고 접점 심벌을 마우스로 클릭하면 심벌을 입력하는 창이 뜬다.

a접점 심벌 입력창에 x0라고 입력하고 [OK] 버튼을 누른다. 대소문자 상관없다.

접점이 정상적으로 입력되면 다음과 같이 된다. 바탕이 회색인 것은 정상적인 것이다. 아직 컴파일이 안 된 부분의 바탕이 회색으로 표시된다.

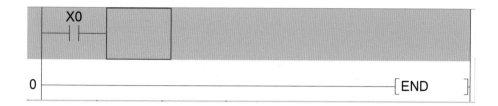

여기서, X를 디바이스라고 한다. 미쓰비시 MELSEC PLC에서 사용되는 디바이스는 X 외에도 Y, M, T, C 등 다양한 디바이스들이 있으며, 명령어마다 사용될 수 있는 디바이스와 사용될 수 없는 디바이스들이 있으므로 명령어를 사용할 때는 명령어 매뉴얼을 확인하는 것이 좋다.

(2) 출력 심벌 입력 방법

a접점 X0 오른쪽 칸에 커서를 놓고 코일 접점 심벌을 마우스로 클릭한다. 심벌 입력창이 뜨면 Y20이라고 입력하고 [OK] 버튼을 누른다. 코일 접점 심벌을 클릭하는 대신 F7을 누르고 입력해도 된다. 편집 화면에서 심벌 선택 없이 곧바로 Y20이라고 입력하면 기본적으로 출력 심벌이 입력된다. Y20은 접점으로도 사용될 수 있으나 기본적으로 출력에 사용되기 때문이다.

출력 코일은 래더에서 중간에 올 수 없으므로 행의 맨 오른쪽에 이동되어 생성된다. 입력이 완료되고 F4 키를 눌러 컴파일하면 바탕이 흰색으로 변한다.

(3) b접점 심벌 입력 방법

편집 화면에서 심벌 선택 없이 곧바로 X1이라고 치면 기본적으로 a접점이 입력된다. b
접점을 입력해야 할 때는 F6키를 사용한다. 앞에서 설명한 프로그램의 X0 아래쪽에 커서
를 놓고 F6을 누른다. 심벌 입력 창이 뜨면 X1이라고 입력하고 [OK] 버튼을 누른다.

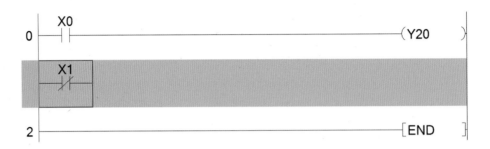

(4) 컴파일하기

X1 접점의 오른쪽에 Y21 입력까지 완료되면 F4를 눌러 컴파일한다. 컴파일할 때는 래
더 블록이 완전히 완성되어 있어야 한다. 만약 왼쪽에 X1 접점만 있고 여기에 연결된 출력
Y21이 없는 상태에서 F4를 누르면 에러가 난다. 래더 블록을 많이 작성하고 한번에 컴파일
하려다가 컴파일이 안 되고 지워지는 경우도 있으므로 래더 블록을 한 블록 한 블록 완성할
때마다 컴파일하는 것도 좋다.

래더 다이어그램 왼쪽에 있는 숫자는 그 행의 시작 스텝 번호이다. 지금 입력한 프로그
램에서는 X0-a접점이 스텝 0, Y20 출력이 스텝 1, X1-b접점이 스텝 2, Y21 출력이 스
텝 3, 맨 끝에 있는 END가 스텝 4라는 의미이다.

③ 시뮬레이션

GX Works2에서는 PLC 프로그램을 시뮬레이션할 수 있다. Debug 메뉴에서 Start/ Stop Simulation 버튼을 누른다. 시뮬레이션을 끌 때도 이 버튼을 눌러서 꺼야 한다.

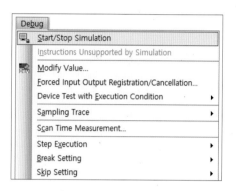

Simulation 메뉴

Debug 메뉴에서 시뮬레이션 시작 버튼을 누르면 컴퓨터에서 가상의 PLC에 프로그램 쓰기를 실행한다. 쓰기가 완료되고 [Close] 버튼을 누르면 GX SimManager가 RUN 상태로 된다.

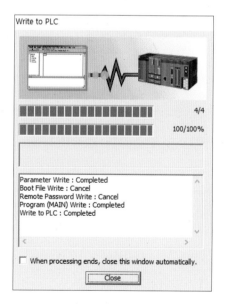

Write to PLC 팝업

시뮬레이션을 종료할 때는 GX SimManager에서 STOP을 하는 것이 아니라 Debug 메뉴에서 Start/Stop Simulation 버튼을 다시 눌러야 한다.

GX SimManager

시뮬레이션이 시작되면 모니터링 모드로 들어간다. 이때 접점을 강제로 작동시킬 수 있다. 커서를 접점에 가져다 놓고 Shift + Enter↵를 누르면 강제로 접점이 반전된다.

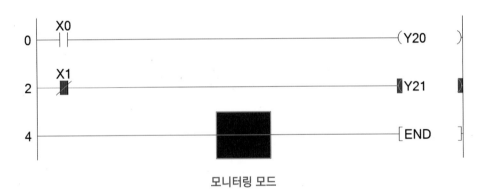

모니터링 모드

시뮬레이션을 종료한 다음에는 F2 단축키를 눌러서 Write Mode로 돌아가야 프로그램을 수정할 수 있다.

④ Device Comment 넣는 법

(1) Device Comment 보이게 하기

GX Works2에서 Device Comment를 넣어도 "보기" 항목에 없으면 보이지 않는다. Device Comment를 넣기 전에 먼저 View 메뉴에서 Comment 보기에 체크 표시한다.

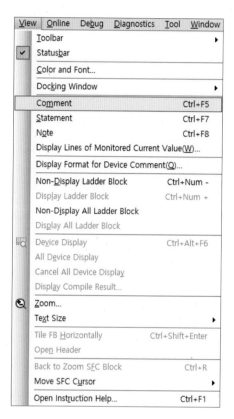

GX Works2의 View 메뉴

Tool 메뉴에서 Options 창을 열어서 보면 Device Comment Display Format의 기본
값은 4줄로 표시되게 되어 있다. 4줄로 놓아두면 프로그램의 행 간격이 너무 넓어서 불편
하므로 2줄로 변경해 놓는다.

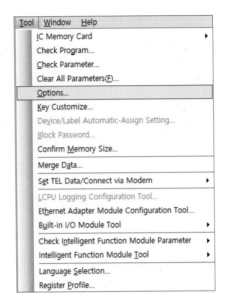

GX Works2의 Options 메뉴

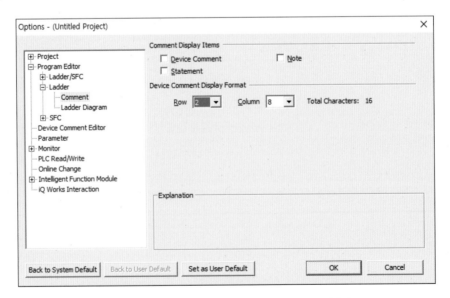

Device Comment Display Format의 Row를 2로 변경

(2) Device Comment 넣기

명령 입력 창에서 왼쪽의 device comment 넣기 버튼을 눌러 놓으면 심벌을 넣은 다음에 Comment를 넣는 창이 연속해서 뜬다.

명령 입력 창

간혹 두 줄을 넣어야 할 때는 옆의 Preview를 보면서 넣는 것도 좋은 방법이다. 기존에 똑같은 Device에 Commnet가 있으면 그것이 그대로 뜨는데 [OK]를 누르면 그대로 들어가고, 여기서 고치면 프로그램 내의 같은 Device에 대해 Comment가 모두 변경된다.

Device Comment 입력 창

Comment를 넣고 나면 다음과 같이 심벌 밑에 Device Comment가 표시된다.

(3) Device Comment 일괄 관리

Device Comment를 일괄적으로 관리하려면 Navigation의 Project 항목에서 Global Device Comment를 클릭한다.

오른쪽에 뜨는 Device Comment 창에서 일괄적으로 관리할 수 있으며, 저장/불러오기가 가능하므로 연속되는 번호가 있는 Comment는 엑셀로 작업하여 복사/붙여넣기를 하면 쉽게 작업할 수 있다.

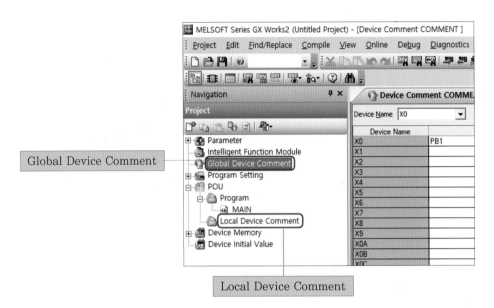

Local Device Comment가 보이도록 하려면 Tool 메뉴의 Options에서 Device Comment 참조를 Local로 변경해야 한다.

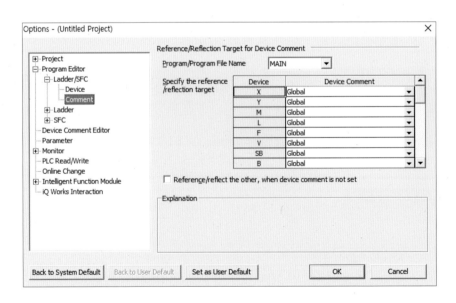

2-3　MELSEC Q CPU의 디바이스

1 디바이스란?

　GX Works2에서 명령어를 입력할 때 디바이스를 함께 입력한다. 이때 명령어와 디바이스는 CPU에서 제공되는 명령어와 디바이스를 사용하는 것이다. 명령어나 디바이스는 GX Works2와 같은 PLC용 프로그래밍 소프트웨어의 기능이 아니라 Q03UDE CPU와 같은 PLC의 CPU 모듈이 제공하는 기능이다. CPU마다 사용할 수 있는 디바이스와 그 크기가 다르므로 매뉴얼을 확인하고 사용해야 한다.

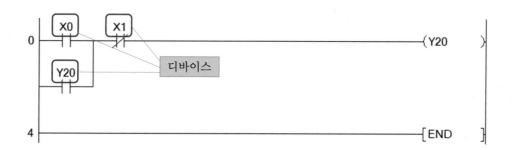

(1) 디바이스의 종류

　디바이스에는 내부 사용자 디바이스(입력, 출력, 내부 릴레이, 타이머, 카운터 등), 내부 시스템 디바이스(평션 입력, 평션 출력 특수 릴레이 등), 링크 다이렉트 디바이스, 모듈 액세스 디바이스, 인덱스 레지스터/범용 연산 레지스터, 파일 레지스터, 네스팅, 포인터, 기타, 상수 등이 있다.

　다음의 표에는 MELSEC Q CPU의 디바이스 명칭과 점수의 초깃값, 사용 범위가 표시되어 있다. 디바이스는 메모리의 일부분이기 때문에 디바이스명은 지정되는 메모리 주소의 선두가 된다.

　메모리가 한정되어 있으므로 어떤 디바이스에서 사용되는 점수를 늘리려면 다른 디바이스의 점수를 줄여야 한다. 예를 들어서 적산 타이머 ST의 초기 점수는 0이지만 이것을 1024로 늘리려면 타이머 T를 1024로 줄여야 한다. 타이머 T도 2048개를 모두 사용해야 한다면 또 다른 디바이스의 수를 줄이면 된다.

MELSEC Q CPU 디바이스

디바이스명	점수 (초깃값)	사용 범위	
입력	8192	X0 ~ 1FFF	16진수
출력	8192	Y0 ~ 1FFF	16진수
내부 릴레이	8192	M0 ~ 8191	10진수
래치 릴레이	8192	L0 ~ 8191	10진수
링크 릴레이	8192	B0 ~ 1FFF	16진수
어넌시에이터	2048	F0 ~ 2047	10진수
링크용 특수 릴레이	2048	SB0 ~ 7FF	16진수
에지 릴레이	2048	V0 ~ 2047	10진수
스텝 릴레이(SFC용)	8192	S0 ~ 511/블록	10진수
타이머	2048	T0 ~ 2047	10진수
적산 타이머	0	(ST0 ~ 2047)	10진수
카운터	1024	C0 ~ 1023	10진수
데이터 레지스터	12288	D0 ~ 12287	10진수
링크 레지스터	8192	W0 ~ 1FFF	16진수
링크용 특수 레지스터	2048	SW0 ~ 7FF	16진수
인덱스 레지스터	16점	Z0~15	10진수
파일 레지스터	0	ZR(R)0 ~ 4086k	10진수
특수 릴레이	2048	SM0 ~ 2047	10진수
특수 레지스터	2048	SD0 ~ 2047	10진수
네스팅	15	N0 ~ 14	10진수
포인터	4096	P0 ~ 4095	10진수
인터럽트 포인터	256	I0 ~ 255	10진수

디바이스명	점수 (초깃값)	사용 범위	
기능(function) 입력	5점	FX0~4	16진수
기능(function) 출력	5점	FY0~4	16진수
기능(function) 레지스터	5점	FD0~FD4	10진수
링크 다이렉트 디바이스		J□W□	16진수
특수 다이렉트 디바이스		U□WG□	16진수
SFC 블록	320	BL0 ~ 319	10진수
SFC 이행 디바이스	512	TR0 ~ 511	10진수
네트워크 No. 지정 디바이스	255	J1 ~ 255	10진수
I/O No. 지정 디바이스	–	U0 ~ FF	16진수
매크로 명령 인수 디바이스	–	VD0 ~□	16진수
10진 정수		K-2147483648 ~ K2147483647	
16진 정수		H0 ~ HFFFFFFFF	
실수 정수		E ±1.17549-38 ~E ±3.40282+38	
문자열		"ABCD", "1234"	

(2) 디바이스 점수 변경 방법

디바이스의 점수를 변경하려면 GX Works2의 Navigation 창의 Parameter에서 PLC Parameter 다이얼로그 창을 열고 Device 탭에서 변경한다.

메모리의 크기를 100% 사용하고 있으므로 어느 하나를 늘였을 때 줄인 것이 없으면 오류가 난다. 변경 후에는 반드시 [Check] 버튼을 클릭하여 확인해야 한다. 초깃값에서 변경된 값이 있을 경우 Device라는 탭 명칭이 분홍색에서 파란색으로 변한다.

Q Parameter Setting ✕

| | PLC Name | PLC System | PLC File | PLC RAS | Boot File | Program | SFC | Device | I/O Assignment | Multiple CPU Setting | Built-in Ethernet Port Setting |

	Sym.	Dig.	Device Points	Latch (1) Start	Latch (1) End	Latch (2) Start	Latch (2) End	Local Device Start	Local Device End
Input Relay	X	16	8K						
Output Relay	Y	16	8K						
Internal Relay	M	10	8K						
Latch Relay	L	10	8K						
Link Relay	B	16	8K						
Annunciator	F	10	2K						
Link Special	SB	16	2K						
Edge Relay	V	10	2K						
Step Relay	S	10	8K						
Timer	T	10	2K						
Retentive Timer	ST	10	0K						
Counter	C	10	1K						
Data Register	D	10	12K						
Link Register	W	16	8K						
Link Special	SW	16	2K						
Index	Z	10	20						

Device Total 28.8 K Words
Word Device 25.0 K Words
Bit Device 44.0 K Bits

The total number of device points is up to 29 K words.
Latch(1) : Able to clear the value by using a latch clear.
Latch(2) : Unable to clear the value by using a latch clear. Clearing will be executed by remote operation or program.
Scan time is extended by the latch range setting (incluing L).
If the latch is necessary, please set the required minimum latch range.
When using the local devices, please do the file setting at PLC file setting parameter.

File Register Extended Setting

Capacity [ ] K Points

	Sym.	Dig.	Device Points	Latch (1) Start	Latch (1) End	Latch (2) Start	Latch (2) End	Device No. Start	Device No. End
File Register	ZR(R)	10							
Extended Data	D	10							
Extended Link	W	16							

Following setting are available when select "Use the following file" in file register setting of PLC file setting.
-Change of latch(2) of file register.
-Assignment to expanded data register/expanded link register of a part of file register area.

Indexing Setting for ZR Device
32Bit Indexing
◉ Use Z   Z [ ] After (0 -- 18)
○ Use ZZ

| Print Window... | Print Window Preview | Acknowledge XY Assignment | Default | Check | End | Cancel |

Q Parameter Setting / Device 설정 창

플러스++

Q Parameter Setting / Device 설정 창에서 보면 Sym. 옆에 Dig.라는 것이 있다. 이것은 숫자 표기법을 나타낸다. 미쓰비시 PLC에서 X와 Y 뒤의 숫자는 16진수로 표시한다. 그래서 Y20을 읽을 때는 "와이 이십"이 아니라 "와이 이공"이라고 읽는다.

M은 10진수로 표시하므로 M20은 "엠 이십"이라고 읽는다.

2 **입력 디바이스(X)**

(1) 입력에 사용되는 외부 기기

푸시버튼, 실렉트 스위치, 오토 스위치(리드 스위치), 근접 센서와 같은 외부 기기에 의해 발생된 신호가 PLC 입력 모듈을 통해 들어오면 PLC의 CPU는 이것을 입력(X)으로 취급한다.

신호를 발생시키는 외부 기기는 종류에 따라 접점의 형태가 다르다. 푸시버튼은 a접점과 b접점이 각각 하나씩 있지만, 리드 스위치는 a접점 하나밖에 없고, 근접 센서는 접점 없이 신호만 발생된다.

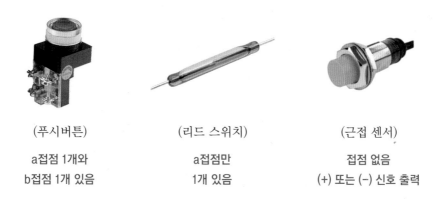

(푸시버튼)	(리드 스위치)	(근접 센서)
a접점 1개와 b접점 1개 있음	a접점만 1개 있음	접점 없음 (+) 또는 (-) 신호 출력

그러나 PLC 프로그램에서는 실제 외부 기기의 접점 형태와는 상관없이 모든 입력에 대해 a접점과 b접점을 사용할 수 있다. 외부 기기는 단지 입력 신호를 발생시키는 역할만 하지 접점의 역할은 하지 않는다. 접점은 프로그램 내에서 표현된다.

(2) 입력 디바이스의 a접점 b접점

PLC 프로그램에서 b접점을 사용하기 위해서 입력 모듈에 b접점 스위치를 연결하지 않는다. 외부 기기의 접점 종류에 상관없이 PLC에 신호가 들어오면 그 신호를 이용해서 a접점으로도 쓸 수 있고 b접점으로도 쓸 수 있다. PLC는 들어오는 신호가 a접점이 동작되어 들어온 신호인지 b접점이 평상시 상태라서 들어오는 신호인지 알 수 없다.

다음 그림은 a접점으로 된 스위치에서 신호를 입력받아 a접점과 b접점으로 프로그래밍한 경우이다.

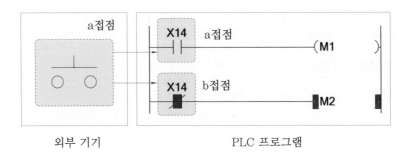

입력(X) 디바이스의 사용

(3) 입력 디바이스의 사용 개수

프로그램 내에서의 X의 a접점과 b접점의 사용 개수는 프로그램 용량의 범위 내에서 제한 없이 사용할 수 있다. 프로그램에 X0를 수십, 수백 개 입력할 수도 있다. 이렇게 입력하면 입력 모듈의 X0에 전기 신호가 들어올 때 프로그램상의 모든 X0이 동작하게 된다.

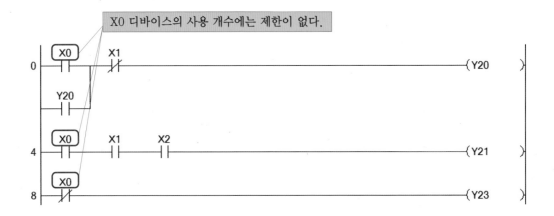

3 출력 디바이스(Y)

(1) 출력에 사용되는 외부 기기

출력(Y)은 프로그램의 연산 결과를 외부의 릴레이, 솔레노이드 밸브, 파일럿램프, 디지털 표시기 등에 출력하는 접점이다.

릴레이

솔레노이드 밸브

파일럿램프

디지털 표시기

(2) 출력 디바이스의 접점 사용 개수

PLC에서는 출력을 릴레이로 생각하기 때문에 출력 Y20이라고 하면 Y20 코일과 Y20 접점이 존재하는 것으로 본다. 프로그램 내에서의 출력 Y의 a접점과 b접점의 사용 개수는 프로그램 용량의 범위 내에서 제한 없이 사용할 수 있다.

출력 Y20

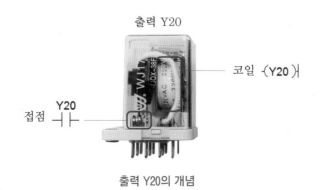

코일 ─〔Y20〕┤

Y20
접점 ─┤ ├─

출력 Y20의 개념

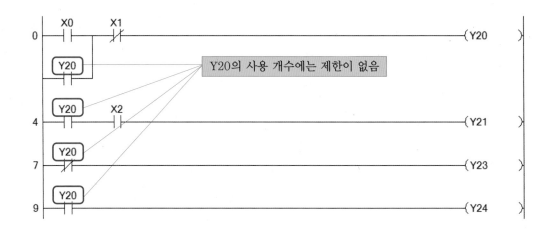

(3) 내부 릴레이(M) 대용으로 사용

입력 모듈을 장착한 영역 및 모듈 미장착 영역에 대응하는 출력(Y)을 내부 릴레이(M) 대신 사용할 수 있다.

4 내부 릴레이(M)

(1) PLC 내부에 있는 릴레이

내부 릴레이(M)는 PLC의 CPU 모듈 내부에서 사용하는 보조 릴레이이다. 내부에 릴레이가 있다고 생각하고 쓰면 된다.

(2) 릴레이의 본래 의미

릴레이는 코일에 전류가 흐르면 전자석이 작동해서 끌어당기는 힘에 의해 스위치들이 붙었다 떨어졌다 하는 것이다.

푸시버튼 스위치는 사람이 손으로 눌러야 a접점이 붙고, b접점이 떨어지는 동작을 한다. 하지만 릴레이는 사람의 손이 필요 없고 전기에 의해 스위치가 붙었다 떨어졌다 한다.

(3) 기계식 릴레이의 코일

릴레이를 분해해 보면 다음 사진처럼 얇은 전선을 촘촘하게 감아 놓은 코일이 들어있다. 이 코일 양쪽에 전기가 통하면 가운데에 박혀 있는 철심에 자성이 생겨 접점 뭉치를 끌어당긴다. 여기에 사용되는 코일을 솔레노이드(Solenoid)라고 하고, 철심을 박아 놓아 자성을 갖게 한 것을 전자석(Electromagnet)이라고 한다.

릴레이 코일

(4) PLC의 메모리

PLC 프로그램에서는 릴레이가 PLC 내부에 있다고 가정하고 M으로 표시한다. "M"은 메모리(Memory)의 첫 글자이다. PLC CPU 모듈 내부에 있는 메모리의 일부분을 사용해서 각각의 비트를 릴레이로 사용한다. Q03UDE CPU 모듈은 초기에 8192비트를 내부 릴레이에 할당해 놓았다. 릴레이가 8192개 있다고 생각하고 사용하면 되는 것이다.

(5) 내부 릴레이의 코일과 접점

릴레이가 코일과 접점으로 되어 있듯이 내부 릴레이도 코일과 접점으로 표시되지만 실제로 두 가지 메모리 영역이 있는 것은 아니다. 왜냐하면 코일과 a접점은 같은 값을 가지므로 코일과 접점을 위해서 서로 다른 메모리를 사용할 필요가 없다.

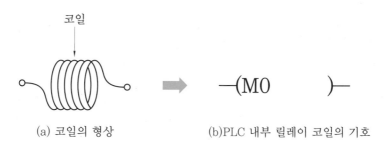

코일

(a) 코일의 형상   (b)PLC 내부 릴레이 코일의 기호

내부 릴레이 코일의 기호

다음 사진은 코일과 접점을 모두 볼 수 있는 릴레이의 내부 사진이다. 이런 릴레이가 PLC 내부에는 충분히 쓰고도 남을 만큼 있다는 것이다.

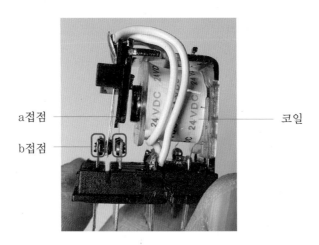

릴레이의 내부 구조

(6) a접점과 b접점의 사용 개수

기계식 릴레이의 접점은 2개, 3개, 4개 등 다양하다. PLC의 내부 릴레이는 이 접점이 무수히 많은 릴레이로 생각하면 된다. 즉, 코일 하나에 수백 개의 접점이 붙어 있다고 생각하면 된다. 물리적으로는 불가능하지만, PLC 프로그램 내에서는 프로그램 용량의 범위 내에서 제한이 없다.

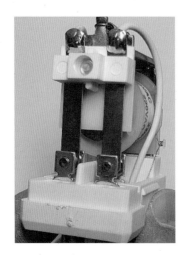 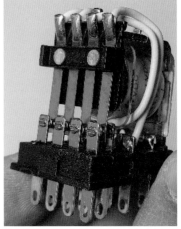

릴레이의 접점 개수

내부 릴레이 M은 SET 명령에 의해 ON되더라도 전원을 끄거나 CPU 모듈을 리셋하면 OFF된다.

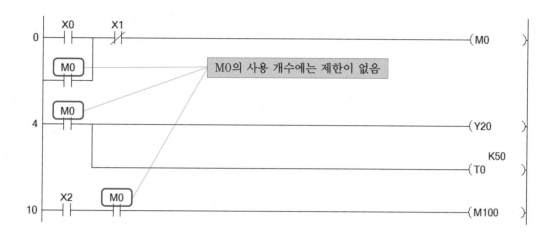

5 래치 릴레이(L)

(1) 래치 릴레이란?

래치 릴레이는 CPU 모듈 내부에서 사용하는 래치(정전 유지)가 가능한 보조 릴레이이다.

래치 릴레는 다음과 같이 조작해도 연산 결과(ON/OFF 정보)가 유지된다.

- RESET/STOP/RUN 스위치 ON → STOP → ON
- PLC의 전원 ON → OFF → ON
- CPU 모듈 리셋

래치는 CPU 모듈 본체의 배터리로 유지된다.

(2) a접점 b접점의 사용 개수

프로그램 내에서 a접점과 b접점의 사용 개수는 프로그램 용량의 범위 내에서 제한 없이 사용할 수 있다.

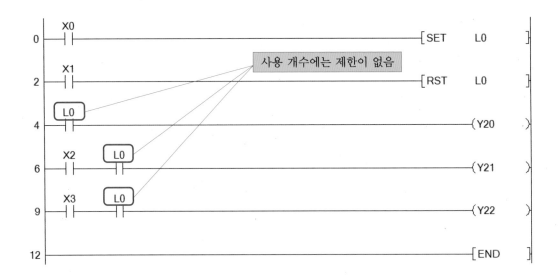

(3) 외부 출력 방법

래치 릴레이의 값을 외부로 출력하려면 출력(Y)를 사용한다.

(4) 래치 릴레이의 클리어

래치 릴레이는 영역에 따라 클리어 방법이 다르다. 래치 릴레이는 Latch(1) 영역과 Latch(2) 영역이 있다.

- **Latch(1) Start~End 영역** : Remote Operation의 Latch Clear로 클리어 가능
- **Latch(2) Start~End 영역** : Remote Operation의 Latch Clear로는 클리어할 수 없고, 프로그램으로 MOV나 RST 명령어로만 클리어 가능

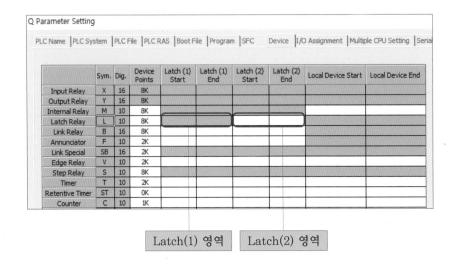

(5) Remote Operation의 Latch Clear 방법

Remote Operation 창을 여는 방법은 두 가지가 있다.

첫 번째 방법 : Write to PLC 메뉴 아이콘을 누르면 열리는 Online Data Operation 창에서 맨 밑에 있는 Remote Operation을 더블 클릭한다.

Write to PLC 메뉴 아이콘

Remote Operation

Online Data Operation 창

두 번째 방법 : Online 메뉴에서 바로 Remote Operation 메뉴를 누른다.

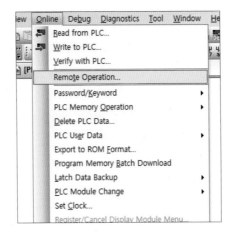

Remote Operation 메뉴

Remote Operation 창에서 Latch Clear를 선택하고 Execute 버튼을 클릭한다.

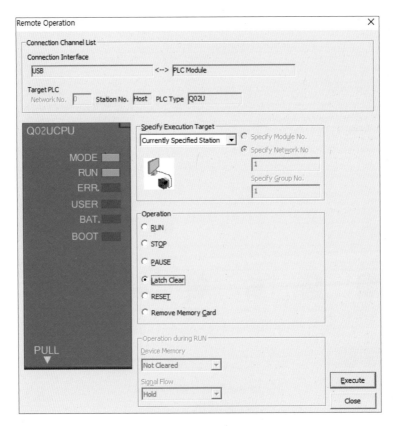

Remote Operation 창

Latch Clear를 실행하면 되돌릴 수 없으므로 한 번 더 물어본다.

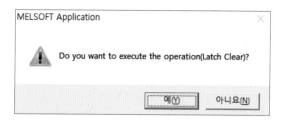

PLC가 RUN 상태에서는 Latch Clear가 불가능하다. Latch Clear하기 전에 PLC의 상태를 STOP으로 전환해야 한다.

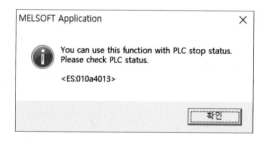

PLC의 상태를 STOP으로 전환하는 방법은 PLC 본체의 RESET/STOP/RUN 스위치를 손으로 밀어서 STOP으로 전환하여도 되고, Remote Operation 창에서 STOP를 선택하고 Execute 버튼을 클릭해도 된다.

Latch Clear가 완료되면 다음과 같은 메시지가 뜬다. Latch Clear 완료 후 다시 PLC를 RUN 상태로 돌려놓는다.

(6) Remote Operation에 의한 래치 클리어 실습

다음과 같이 래치 릴레이를 이용한 간단한 프로그램을 작성하여 PLC에 다운로드하고,
X0를 ON하여 래치 릴레이 L0를 ON시킨다.

```
      X0
0   ──┤├────────────────────────────────────[SET    L0    ]

      X1
2   ──┤├────────────────────────────────────[RST    L0    ]

      L0
4   ──┤├────────────────────────────────────────(Y20  )

6   ───────────────────────────────────────────[END   ]
```

전원을 껐다가 켰을 때 L0가 유지되어 있는지 확인한다.

PLC를 리셋했을 때 L0가 유지되어 있는지 확인한다.

Remote Operation 창에서 Latch Clear를 실행한다.

L0가 OFF되었는지 확인한다.

(7) RST 명령에 의한 래치 클리어 실습

다음 그림처럼 Latch Relay의 Latch(2) 영역을 0~5로 설정한다.

	Sym.	Dig.	Device Points	Latch (1) Start	Latch (1) End	Latch (2) Start	Latch (2) End
Input Relay	X	16	8K				
Output Relay	Y	16	8K				
Internal Relay	M	10	8K				
Latch Relay	L	10	8K			0	5

설정된 파라미터를 PLC에 다운로드하고, Remote Operation에 의한 Latch Clear를
실행한다.

이때는 Latch Clear가 안 되는 것을 확인한다.

X1을 ON하여 래치 릴레이 L0를 OFF시킨다.

Latch Clear가 되는 것을 확인한다.

6 어넌시에이터(F)

(1) 어넌시에이터란?

어넌시에이터는 사용자가 제작한 설비의 이상이나 고장 검출용으로 사용하는 내부 릴레이이다.

(2) 어넌시에이터와 관련된 특수 릴레이와 특수 레지스터

어넌시에이터를 ON하면 특수 릴레이(SM62)가 ON되고, 특수 레지스터(SD62~79)에 ON한 어넌시에이터의 개수와 번호가 저장된다.

- **특수 릴레이 SM62** : 어넌시에이터가 1개라도 ON하면 ON한다.
- **특수 레지스터 SD62** : 최초로 ON된 어넌시에이터의 번호를 저장한다.

   SD63 : ON된 어넌시에이터의 개수를 저장한다.

   SD64~79 : ON된 어넌시에이터의 번호가 저장된다.

   SD62와 SD64는 동일한 어넌시에이터 번호가 저장된다.

   또한, SD62에 저장되어 있는 어넌시에이터 번호는 고장 이력 저장 영역에도 등록된다.

(3) 어넌시에이터의 용도

고장 검출 프로그램에 어넌시에이터를 사용한 경우, 특수 릴레이(SM62)가 ON되었을 때 특수 레지스터(SD62~79)를 모니터링하면 설비의 이상이나 고장 유무를 저장된 어넌시에이터 번호를 보고 확인할 수 있다.

(4) a접점과 b접점의 사용 개수

프로그램 내에서의 a접점과 b접점의 사용 개수는 프로그램 용량의 범위 내에서는 제한이 없다.

(5) 어넌시에이터의 ON 방법

첫 번째 방법 : SET F□ 명령

SET F□ 명령은 입력 조건의 펄스 상승 시 어넌시에이터를 ON한다. 입력 조건이 OFF 되어도 어넌시에이터는 ON 상태를 유지한다. 어넌시에이터를 많이 사용하는 경우, OUT F□ 명령을 사용하는 것보다 스캔타임을 줄일 수 있다.

두 번째 방법 : OUT F□ 명령

OUT F□ 명령을 사용하여 어넌시에이터를 ON/OFF할 수 있지만, 이 경우 매 스캔마다 처리하므로 SET F□ 명령을 사용하는 경우보다 처리가 늦어진다. OUT F□ 명령으로 어넌시에이터를 OFF해도 RST F□ 명령/LEDR 명령/BKRST 명령을 실행해서 SD62~64에 저장된 어넌시에이터 번호를 삭제해야 한다.

(6) 어넌시에이터 실습

SET 명령을 사용해서 어넌시에이터 2번이 ON되었을 때 특수 레지스터 SD62에 어넌시에이터 번호 "2"가 들어가는지 확인할 수 있는 다음과 같은 프로그램을 작성해 보자. 여기서 D0는 숫자를 저장할 수 있는 데이터 레지스터이다.

```
0    X0                                              [SET    F2  ]
     ─┤ ├─

3    SM62                                            [BCD   SD62   D0 ]
     ─┤ ├─

6                                                          [END ]
```

PLC에 다운로드한 후에 실행하고 모니터링 모드를 활용하여 확인해 보자.

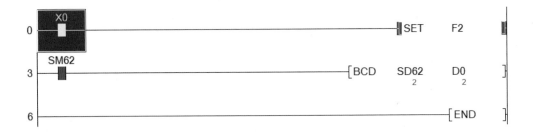

PLC CPU 모듈의 전면에 있는 USER LED에 빨간색 불이 켜지는지 확인해 보자.

USER LED를 끄려면 프로그램에 RST F2를 추가하여 실행하면 된다.

7 타이머

(1) 타이머란?

타이머(timer)란 신호가 입력되면 정해진 시간이 지나간 후에 접점이 닫히거나 열리는 것으로서 인위적으로 시간 지연(delay)을 만들 때 사용된다. 에어프라이어의 타이머처럼 가열장치가 켜져 있는 시간을 조절할 때도 사용된다.

에어프라이어의 타이머

디지털 방식의 타이머는 영화에서 긴장감을 높이기 위해 종종 사용된다. 시간을 미리 설정해 놓고 시간이 다 되면 '펑' 하고 터지는 시한폭탄은 폭탄에 디지털 타이머를 장착한 것이라고 볼 수 있다.

시한폭탄
[출처: 미션임파서블 폴아웃]

(2) 전기 회로에서 사용되는 타이머

전기 회로에서 사용되는 타이머에는 타이머 릴레이라는 부품이 있다. 이름에서도 알 수 있듯이 그 본질은 릴레이이다.

사진에서 보이는 것처럼 앞쪽에 설정 시간을 조절할 수 있는 다이얼이 있다. 사진에 ON 램프와 UP 램프가 있는데 ON 램프는 코일에 전기가 공급되기 시작할 때 켜지고, UP 램프는 설정된 시간이 경과되어 접점이 동작할 때 켜진다.

UP이라는 표기는 시간이 경과되었음을 의미한다. "시간이 다 되었습니다."라는 말을 영어로 "Time is up"이라고 한다.

전기 회로에 사용되는 타이머 릴레이

(3) PLC의 타이머

PLC에도 타이머 릴레이와 똑같은 것이 있다. GX Works2에서 프로젝트를 만든 다음에 Navigation에서 PLC Parameter 창을 열고 Device 탭으로 가면 프로그램에서 사용할 수 있는 Timer Device의 용량을 설정할 수 있다.

Q Parameter Setting

| PLC Name | PLC System | PLC File | PLC RAS | Boot File | Program | SFC | **Device** | I/O Assignment | Multiple CPU Setting | Built-in |

	Sym.	Dig.	Device Points	Latch (1) Start	Latch (1) End	Latch (2) Start	Latch (2) End	Local Device Start	Local Device End
Input Relay	X	16	8K						
Output Relay	Y	16	8K						
Internal Relay	M	10	8K						
Latch Relay	L	10	8K						
Link Relay	B	16	8K						
Annunciator	F	10	2K						
Link Special	SB	16	2K						
Edge Relay	V	10	2K						
Step Relay	S	10	8K						
Timer	T	10	2K						
Retentive Timer	ST	10	0K						
Counter	C	10	1K						
Data Register	D	10	12K						
Link Register	W	16	8K						
Link Special	SW	16	2K						
Index	Z	10	20						

MELSEC PLC의 타이머

Q Parameter Setting

여기서 보면 타이머의 심벌은 T이고 10진수를 사용하며 2K가 있음을 알 수 있다. 즉, 타이머의 번호는 10진수로 표현하면 된다는 말이고, 2K라는 말은 정확히는 2048개의 타이머를 사용할 수 있다는 말이다.

```
     X0                                                    K50
  ───┤├────────────────────────────────────────────────(T0    )
     X1                                                    K50
  ───┤├────────────────────────────────────────────────(T1    )
     X2                                                    K50
  ───┤├────────────────────────────────────────────────(T2    )
                              ⋮
     X3                                                    K50
  ───┤├────────────────────────────────────────────────(T2047 )
```

0부터 시작하니까 타이머는 T2047번까지 사용할 수 있다. 지금과 같은 설정에서는 T2048은 사용할 수 없다.

(4) 타이머 넣는 방법

PLC 프로그램에 타이머를 넣는 방법은 입력 코일이나 출력 코일을 넣는 것과 약간 다르다. 일반적인 출력 코일은 "Y20"과 같이 넣지만, 타이머는 "T0 K50"과 같이 넣는다.

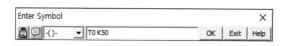

타이머 심벌을 넣는 방법

여기서 K는 10진수를 나타내는 접두어이다. 그러면 아래와 같이 K50이라고 하면 50초인가? 아니다.

PLC에서는 1초 미만의 시간 설정을 위해서 소수점을 사용하지 않는다. 타이머의 기본 단위를 설정해 놓고 그 단위의 몇 배인지를 표시하여 타이머를 설정한다.

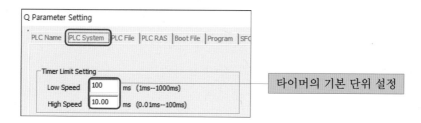

타이머의 기본 단위 설정

타이머의 기본 단위를 설정하는 것은 PLC Parameter 창의 PLC System 탭에 있다.

기본적으로 Low Speed 타이머는 100ms로 설정되어 있으며, 1~1000까지 변경하여 사용할 수 있다. 초보자들은 가능하면 100을 바꾸지 말고 사용하는 것이 좋다.

Low Speed가 100으로 되어있을 때 −(T0 K1)−이라고 하면 T0 타이머는 입력이 들어왔을 때 100ms, 즉 0.1초만에 켜진다. 만약, −(T0 K10)−이라고 하면 T0 타이머는 입력이 들어왔을 때 1000ms, 즉 1초만에 켜진다.

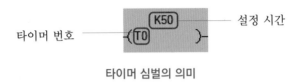

타이머 심벌의 의미

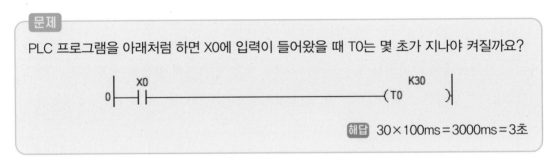

문제

PLC 프로그램을 아래처럼 하면 X0에 입력이 들어왔을 때 T0는 몇 초가 지나야 켜질까요?

해답 30×100ms＝3000ms＝3초

(5) 타이머의 동작

타이머(T)는 타이머의 코일이 ON되면 계측을 시작하고, 현재 값이 설정값 이상이 되면 타임업하여 접점이 ON되는 디바이스이다.

타이머는 덧셈 방식이다.

타이머가 타임업하면 현재 값과 설정값은 동일한 값이 된다.

(6) PLC에 있는 타이머의 종류

타이머 : 코일이 OFF되면 현재 값이 0이 되는 타이머

적산 타이머 : 코일이 OFF되어도 현재 값이 유지되는 타이머

저속 타이머 : 기본 단위가 100ms인 타이머

고속 타이머 : 기본 단위가 10ms인 타이머

타이머의 종류

(7) 고속 타이머 사용 방법

고속 타이머는 따로 있는 것이 아니고, 타이머를 지정할 때 명령어에 따라 결정된다. 저속 타이머는 그냥 −(T0 K50)−이라고 하면 되고, 고속 타이머는 타이머 디바이스 앞에 H를 붙여서 −(H T0 K50)−이라고 하면 된다.

고속 타이머 심벌을 넣는 방법

(8) 타이머의 처리 방법

OUT T□ 명령 실행 시 타이머 코일의 ON/OFF, 현재 값 갱신 및 접점의 ON/OFF 처리를 한다. END 처리 시에는 타이머의 현재 값 갱신과 접점의 ON/OFF를 처리하지 않는다.

(9) 타이머 실습

복수의 타이머(T)를 사용하여 출력(Y)이 점멸되는 프로그램을 작성해 보자.

```
                T0                                                    K10
    0          ─┤ ├─────────────────────────────────────────────────(T1    )

                T1                                                    K10
    5          ─┤/├─────────────────────────────────────────────────(T0    )

                T0
    10         ─┤ ├─────────────────────────────────────────────────(M0    )


    12         ─────────────────────────────────────────────────────[END   ]
```

8 적산 타이머(ST)

(1) 적산 타이머란?

적산 타이머는 코일이 ON되어 있는 시간을 계측하는 타이머이다. 타이머의 코일이 ON 되면 계측을 시작하고, 타임업하면 접점이 ON된다. 일반 타이머와 다른 점은 적산 타이머는 코일이 OFF되어도 현재 값 및 접점의 ON/OFF 상태를 유지한다는 점이다. 코일이 OFF되었다가 다시 ON되면 유지하고 있던 현재 값부터 계측을 계속 이어간다.

(2) 적산 타이머 설정

적산 타이머 점수의 초깃값은 0이다. 적산 타이머를 사용하려면 점수를 증가시켜 놓고 사용해야 한다. 다음 그림처럼 일반 타이머의 점수를 1K로 줄여 놓고 적산 타이머를 1K 로 늘린다. 줄이지 않고 늘리기만 하면 에러가 난다.

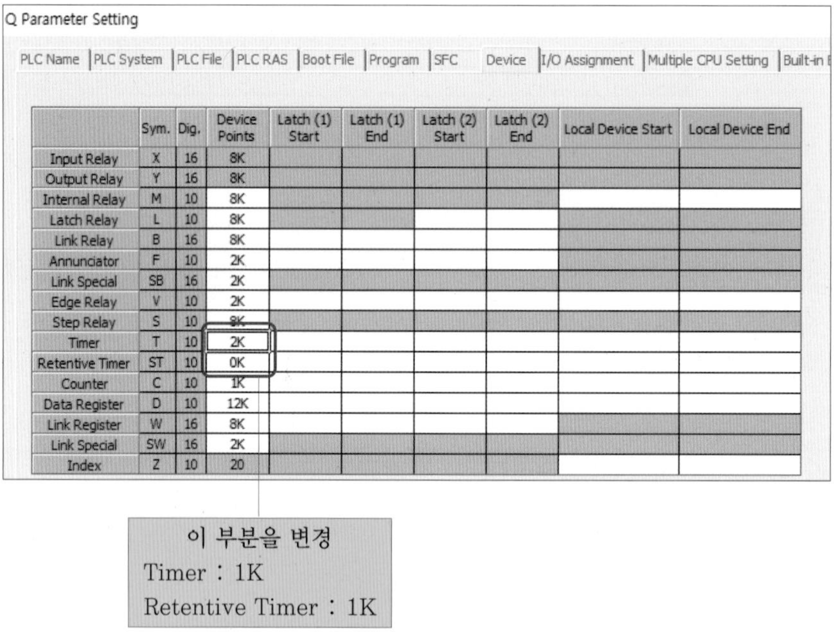

Q Parameter Setting

| PLC Name | PLC System | PLC File | PLC RAS | Boot File | Program | SFC | Device | I/O Assignment | Multiple CPU Setting | Built-in |

	Sym.	Dig.	Device Points	Latch (1) Start	Latch (1) End	Latch (2) Start	Latch (2) End	Local Device Start	Local Device End
Input Relay	X	16	8K						
Output Relay	Y	16	8K						
Internal Relay	M	10	8K						
Latch Relay	L	10	8K						
Link Relay	B	16	8K						
Annunciator	F	10	2K						
Link Special	SB	16	2K						
Edge Relay	V	10	2K						
Step Relay	S	10	8K						
Timer	T	10	2K						
Retentive Timer	ST	10	0K						
Counter	C	10	1K						
Data Register	D	10	12K						
Link Register	W	16	8K						
Link Special	SW	16	2K						
Index	Z	10	20						

이 부분을 변경
Timer : 1K
Retentive Timer : 1K

적산 타이머 점수 설정

(3) 적산 타이머의 종류

적산 타이머에는 저속 적산 타이머와 고속 적산 타이머의 두 종류가 있다.

(4) 계측 단위

적산 타이머의 계측 단위는 저속 타이머, 고속 타이머와 동일한 값이 적용된다.

(5) 적산 타이머의 클리어

현재 값의 클리어와 접점의 OFF는 RST 명령으로 실행한다.

9 카운터(C)

(1) 카운터란?

카운터라는 말은 우리 생활에서 여러 가지 의미로 사용된다. 명사로는 "계산대", 형용사로는 "거꾸로의", 동사로는 "반대하다"라는 의미를 가진다. PLC에서 사용되는 카운터라는 말은 "계수기"라는 의미로 사용된다. 은행에서 오만원권 지폐가 몇 장인지 세는 데 계수기가 사용된다. 행사장에서 인원을 체크할 때는 핸드카운터를 사용하여 몇 명이 입장했는지 세기도 한다.

지폐 계수기
[사진 출처: https://prod.danawa.com]

인원 체크 핸드카운터
[사진 출처: https://www.coupang.com]

전기 회로에서는 기능을 좀 더 추가하여 셀 숫자를 먼저 설정하고, 입력이 들어올 때마다 카운트를 하나씩 증가시켜 미리 설정된 숫자와 같아지면 출력이 나오도록 만들어진 카운터를 사용하여 숫자 세는 동작을 자동화하고 있다.

전기 회로에서 사용하는 카운터

(2) PLC의 카운터

PLC에서 카운터는 시퀀스 프로그램으로 입력 조건의 펄스 상승 횟수를 카운트하는 디바이스이다. 카운트 값과 설정값이 동일하게 되면 카운트업하여 접점이 ON된다. 카운터는 덧셈 방식이다.

(3) 카운터의 종류

카운터에는 시퀀스 프로그램으로 입력 조건의 펄스 상승 횟수를 카운트하는 카운터와 인터럽트 요인의 발생 횟수를 카운트하는 인터럽트 카운터의 두 종류가 있다.

(4) 카운트 처리

OUT C□ 명령 실행 시 카운터 코일의 ON/OFF, 현재 값 갱신(카운트 값+1) 및 접점의 ON/OFF 처리를 한다. END 처리 시 카운터 현재 값 갱신과 접점의 ON/OFF는 처리하지 않는다.

(5) 카운터 리셋

카운터 현재 값은 OUT C□ 명령이 OFF되어도 클리어되지 않는다. 카운터 현재 값은 클리어와 접점의 OFF는 RST C□ 명령으로 실행한다. RST C□ 명령을 실행한 시점에서 카운터 값은 클리어되고 접점도 OFF된다.

```
     X0
0 ───┤├──────────────────────────────────────[RST    C0  ]
```

(6) 카운터 리셋 시 주의 사항

RST C□ 명령을 실행하면 C□의 코일도 OFF된다. RST C□ 명령 실행 후에도 OUT C
□ 명령의 실행 조건이 ON되어 있는 경우 OUT C□ 명령 실행 시 C□의 코일을 다시 ON
하여 현재 값을 갱신(카운트 값+1)하게 된다.

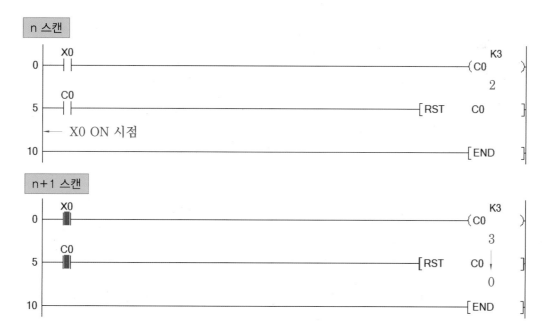

위의 프로그램 예에서는 M0이 OFF → ON 시 C0의 코일이 ON되고 현재 값이 갱신된
다. C0이 카운트업하면 C0의 접점이 ON되고, RST C0 명령의 실행에 의해 C0의 현재 값
이 클리어된다. 이때 C0의 코일도 OFF된다. 다음 스캔에서 X0이 ON되어 있을 경우 OUT
C0 명령 실행 시 C0의 코일이 OFF → ON되므로 현재 값이 갱신된다. 즉, 현재 값이 0으
로 리셋되지 않고 1로 된다는 것이다.

RST 명령이 실행되는 순간 C0을 0으로 리셋하고 이후에 END 처리한다.

그 다음 스캔에서도 X0에 신호가 계속 들어와 있으므로 C0은 1 증가한다.

n+2 스캔

```
        X0                                              K3
0    ---| |-------------------------------------------( C0 )
                                                        1
        C0
5    ---| |-----------------------------------[ RST    C0 ]
    ← X0 OFF 시점

10   -------------------------------------------------[ END ]
```

n+3 스캔

```
        X0                                              K3
0    ---| |-------------------------------------------( C0 )
                                                        1
        C0
5    ---| |-----------------------------------[ RST    C0 ]

10   -------------------------------------------------[ END ]
```

이에 대한 대책은 다음과 같다.

RST C0 명령의 실행 조건에 OUT C0 명령 실행 조건의 b접점을 삽입하여, OUT C0 명령의 실행 조건 X0이 ON되어 있는 동안 C0의 코일이 OFF되지 않게 하면 정상적으로 C0을 0으로 리셋할 수 있다. X0를 OFF할 때 C0가 리셋되므로 이후의 스캔에서 카운트 가 다시 올라가지 않는다.

```
        X0                                              K3
0    ---| |-------------------------------------------( C0 )

        C0       X0
5    ---| |-----|/|---------------------------[ RST    C0 ]

11   -------------------------------------------------[ END ]
```

🔟 데이터 레지스터

(1) 데이터 레지스터란?

데이터 레지스터는 수치 데이터(−32768~32767 또는 0000H~FFFFH)를 저장할 수 있는 메모리이다.

(2) 데이터 레지스터의 비트 구성

데이터 레지스터는 1점이 16비트로 구성되어 있다. 16비트 단위로 읽거나 쓸 수 있다.

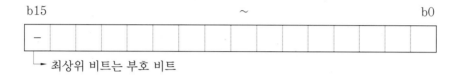

데이터 레지스터의 비트 구성

플러스⁺⁺

16비트의 최댓값은 2진수로는 1111 1111 1111 1111, 10진수로는 65535이지만, 데이터 레지스터는 최상위 비트가 부호 비트이므로 지정 가능한 수치의 범위는 −32768~32767이 된다.

(3) 32비트 명령으로 데이터 레지스터를 사용하는 방법

32비트 명령으로 데이터 레지스터를 사용하는 경우에는 D(n)과 D(n+1)이 처리 대상이 된다.

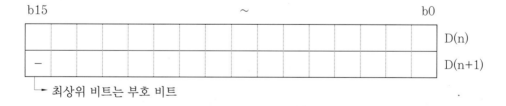

32비트 데이터 레지스터의 비트 구성

시퀀스 프로그램에서 지정하고 있는 데이터 레지스터 번호 D(n)이 하위 16비트, 데이터 레지스터 번호 D(n+1)이 상위 16비트가 된다.

예를 들어 DMOV 명령에서 D2를 지정한 경우 D2는 하위 16비트, D3는 상위 16비트로 사용된다. 따라서 DMOV 명령으로 D2를 지정하면 또 다른 명령으로 D3를 지정해서는 안 된다.

```
     X0
0    ─┤├─────────────────────────────────[MOV      K-32768    D0    ]

     X1
3    ─┤├─────────────────────────────────[MOV      K32767     D1    ]

     X2
6    ─┤├───────────────────────────[DMOV   K-2147483648   D2    ]

     X4
10   ─┤├───────────────────────────[DMOV   K2147483647    D3    ]

14   ──────────────────────────────────────────────────[END  ]
```

데이터 레지스터 D3를 잘못 지정한 프로그램

위의 프로그램을 시뮬레이션하고 X0부터 차례대로 X2까지 접점을 ON시켜 보자. D0와 D1은 16비트 명령으로 16비트 숫자를 저장하고 있으므로 정확한 값이 저장된다. 그러나 X2를 ON해서 D2에 DMOV 명령으로 2147483647을 저장하면 D3까지 넘쳐서 저장되는 것을 볼 수 있다. X4를 ON하지 않았는데도 D3에 숫자가 저장되었다.

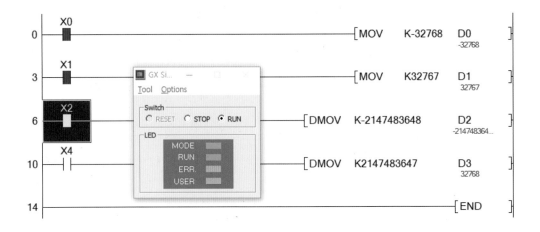

이런 프로그램은 D3를 D4로 수정하여 바로잡을 수 있다.

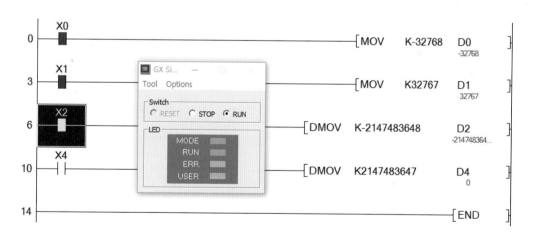

데이터 레지스터 D4를 올바로 지정한 프로그램

시뮬레이션을 시작하면 정상적으로 작동되고 있는 것을 확인할 수 있다. X4를 ON하기 전에 D4에 아무것도 저장되지 않았다.

11 인덱스 레지스터(Z)

(1) 인덱스 레지스터란?

인덱스 레지스터는 시퀀스 프로그램에서 사용하는 디바이스를 간접 설정하는 데 사용하는 디바이스이다. 인덱스 수식은 인덱스 레지스터 1점을 사용한다.

예 D0Z0

유니버셜 모델 Q03UDE CPU의 경우에는 인덱스 레지스터가 Z0~Z19까지 20점이 있다.

(2) 인덱스 레지스터의 비트 구성

인덱스 레지스터는 1점이 16비트로 구성되어 있어서 16비트 단위로 읽거나 쓸 수 있다. 최상위 비트는 부호 비트이므로 지정 가능한 범위는 −32768~32767이 된다.

(3) 32비트 명령으로 인덱스 레지스터를 사용할 때

32비트 명령으로 인덱스 레지스터를 사용하는 경우에는 Z(n)과 Z(n+1)이 처리 대상이 된다. 인덱스 레지스터 번호 Z(n)이 하위 16비트이고, Z(n+1)이 상위 16비트가 된다.

예 DMOV 명령으로 Z2를 지정한 경우 Z2가 하위 16비트, Z3이 상위 16비트가 된다.

(4) 인덱스 레지스터 실습

D0부터 D4까지의 데이터를 D10부터 D14까지의 위치로 복사하는 프로그램을 FOR~NEXT 반복문과 인덱스 레지스터를 사용하여 짧게 작성해 보자.

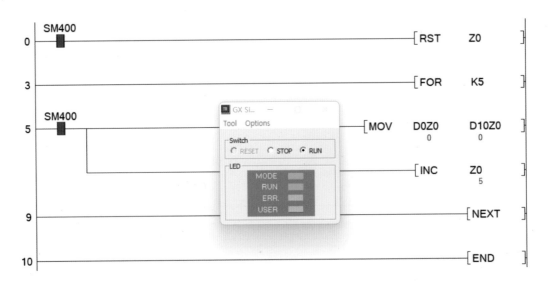

작성된 프로그램을 시뮬레이션하면서 GX Works2의 Device/Buffer Memory Batch Monitor 기능을 사용하여 메모리의 내용이 실제로 복사되고 있는지 확인해 보자. 이때 D0~D4 구간의 임의의 메모리에 커서를 놓고 키보드에서 Shift−Enter를 눌러서 비트를 강제로 ON시키면 메모리의 변화 과정을 확인할 수 있다.

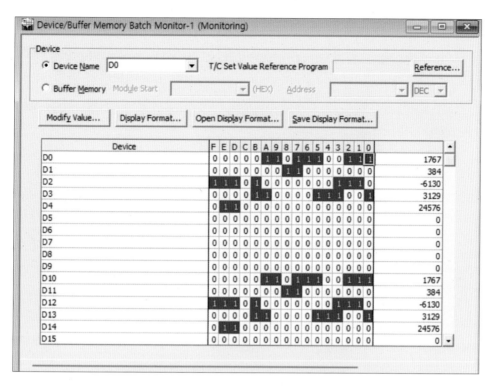

GX Works2의 Device/Buffer Memory Batch Monitor

⑫ 파일 레지스터(R)

(1) 파일 레지스터란?

파일 레지스터는 데이터 레지스터의 확장용 디바이스이다. 파일 레지스터는 데이터 레지스터와 동일한 처리 속도로 사용할 수 있다.

(2) 파일 레지스터의 비트 구성

파일 레지스터는 1점이 16비트로 구성되어 있어서 16비트 단위로 읽거나 쓸 수 있다.

(3) 32비트 명령으로 파일 레지스터를 사용할 때

32비트 명령으로 파일 레지스터를 사용하는 경우에는 R(n)과 R(n+1)이 처리 대상이 된다. 파일 레지스터 번호 R(n)이 하위 16비트이고, R(n+1)이 상위 16비트가 된다.

예 DMOV 명령으로 R2를 지정한 경우 R2가 하위 16비트, R3이 상위 16비트가 된다. 파일 레지스터 2점을 사용하면 −2147483648~2147483647 또는 0H~FFFFFFFFH의 데이터를 저장할 수 있다.

(4) 파일 레지스터 설정 방법

파일 레지스터의 초기 설정은 "Not Used"로 되어 있다. Q Parameter Setting의 PLC File 탭으로 가서 "Use the following file"을 선택하고 메모리와 파일 이름, 점수를 입력한다. Q03UDE CPU는 점수를 4086K 개까지 설정할 수 있다. 1K로 설정하면 R0~R1023까지 사용할 수 있다.

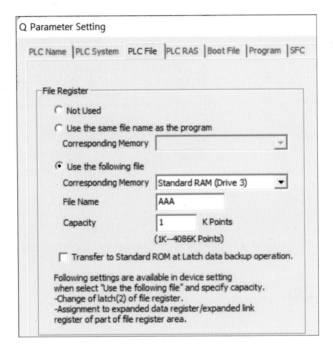

Q Parameter Setting의 PLC File 탭

위와 같이 하고 Q Parameter Setting의 Device 탭으로 가면 File Register의 용량이 1K Points로 설정된 것을 볼 수 있다.

File Register Extended Setting									
Capacity 1 K Points									
	Sym.	Dig.	Device Points	Latch (1) Start	Latch (1) End	Latch (2) Start	Latch (2) End	Device No. Start	Device No. End
File Register	ZR(R)	10	1K			0	1023	ZR0	ZR 1023
Extended Data	D	10	0K						
Extended Link	W	16	0K						

Q Parameter Setting의 Device 탭

🔞 특수 릴레이(SM)

PLC 초급 과정에서 많이 사용하는 특수 릴레이에는 다음과 같은 것들이 있다.

디바이스 이름	설명
SM400	상시 ON
SM401	상시 OFF
SM402	RUN 후 1스캔만 ON
SM403	RUN 후 1스캔만 OFF
SM409	0.01초 클록
SM410	0.1초 클록
SM411	0.2초 클록
SM412	1초 클록
SM413	2초 클록
SM414	2n초 클록
SM415	2n(ms)초 클록

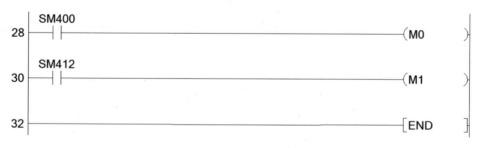

특수 릴레이 사용 예시

2-4 MELSEC Q CPU의 명령어

1 명령어의 구성

PLC의 CPU에서 사용할 수 있는 명령의 대부분은 명령부와 디바이스부로 나누어진다. 명령부에는 명령어의 기능을 수행할 명령이 들어있고, 디바이스부에는 명령에서 사용할 데이터가 들어있다. 명령부와 디바이스부는 반드시 띄어쓰기를 해야 한다. 명령마다 사용할 수 있는 디바이스와 사용할 수 없는 디바이스가 있으므로 주의해야 한다.

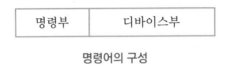

명령부	디바이스부

명령어의 구성

(1) 명령부

명령부에 들어가는 명령에는 시퀀스 명령, 기본 명령, 응용 명령, 데이터 링크용 명령, Q CPU용 명령, 이중화 시스템용 명령이 있다.

(2) 디바이스부

디바이스부는 소스(Source) 데이터와 데스티네이션(Destination) 데이터, 디바이스 수로 분류된다.

① **소스(S)** : 소스는 연산에서 사용하는 데이터로서 정수, 비트 디바이스, 워드 디바이스가 있다.

② **데스티네이션(D)** : 데스티네이션에는 연산 후의 데이터가 저장된다. 단, 명령에 따라서는 연산할 때 데스티네이션에 있는 데이터를 사용하기도 한다.

　예 S1과 S2를 더해서 D에 저장하는 경우 [+　　S1　S2　D]

　　프로그램을 할 때는 S1, S2, D의 자리에 D0, D1, D2와 같은 실제 디바이스를 넣어야 한다.

③ **디바이스 수(n)** : 디바이스 수에는 복수 디바이스를 사용하는 명령에서 사용할 디바이스 수를 지정한다. 디바이스 수는 0~3267이 설정 가능하다.

　예 블록 전송 명령의 경우 [BMOV　　S　D　n]

　　프로그램을 할 때는 S, D 자리에는 D0, D10과 같은 실제 디바이스를 넣고, n 자리에는 디바이스 수를 십진수로 넣기 위해 앞에 K를 붙여 K10이라고 넣는다.

(3) 디바이스 지정 방법

① 워드 디바이스의 비트 데이터를 지정하는 방법

워드 디바이스의 비트 지정은 워드 디바이스 . 비트 번호 로 지정한다.
(비트 번호는 16진수로 한다.)

예 D0.5 →

F	E	D	C	B	A	9	8	7	6	5	4	3	2	1	0

② 비트 디바이스를 워드 데이터로 지정하는 방법

연속된 비트를 묶어서 지정할 때는 비트 데이터 앞에 자릿수 를 붙여 지정한다. 자릿수 지정은 4점(4비트) 단위로 K1~K4까지 지정할 수 있다.

예 K2Y20 →

Y27	Y26	Y25	Y24	Y23	Y22	Y21	Y20

2 프로그램에서 사용된 명령어 찾기

다음 프로그램은 시퀀스 명령으로 작성한 프로그램이다. 그런데 우리는 시퀀스 프로그램을 명령어가 아닌 래더 다이어그램을 사용해서 작성하기 때문에, 어떤 명령어를 사용했는지 이것만 봐서는 알 수 없다.

명령어가 보이지 않는 래더 다이어그램

그러나 완벽하지는 않지만 어떤 명령어가 사용되었는지 아는 방법이 있다.

GX Works의 Find/Replace 메뉴의 맨 위에 있는 "Cross Reference" 기능을 사용하면 된다. 이 기능은 디바이스나 라벨의 상호 참조 정보를 생성하여 표시하는 기능이다.

만약 위의 프로그램에서 T0의 상호 참조 정보를 생성하려면 Device/Label 옆에 T0를 입력하고 "Find" 버튼을 클릭하면 다음의 화면처럼 T0가 포함된 명령어와 래더 심벌, 그리고 위치 정보를 표시해준다.

Device/Label	Instruction	Ladder Symbol	Position
Filtering Condition	Filtering Condit...		Filtering Condition
T0	LD	-| |-	Step No.4
T0	OUT	-( )-	Step No.9

Cross Reference 기능으로 특정 디바이스 정보 생성

모든 디바이스와 라벨에 대한 정보를 보고 싶으면 Device/Label 옆에 특정 디바이스를 입력하지 말고 "All Device/Label"을 선택하고 "Find" 버튼을 클릭하면 다음의 화면처럼 프로그램 전체에 대한 상호 참조를 만들어 준다. 각 칼럼의 이름 Device/Label, Instruction, Ladder Symbol, Position을 클릭하면 여기에 맞게 정렬된다. Position으로 정렬하면 스텝 번호 순으로 볼 수 있으므로 프로그램에 사용된 명령어를 순서대로 볼 수 있다.

Device/Label	Instruction	Ladder Symbol	Position
Filtering Condition	Filtering Condit...		Filtering Condition
X0	LD	-| |-	Step No.0
M0	OR	+| |+	Step No.1
M1	ANI	-|/|-	Step No.2
M0	OUT	-( )-	Step No.3
T0	LD	-| |-	Step No.4
M1	OR	+| |+	Step No.5
M0	AND	-| |-	Step No.6
M1	OUT	-( )-	Step No.7
M0	LD	-| |-	Step No.8
T0	OUT	-( )-	Step No.9

프로그램에 사용된 명령어 순서대로 보기

3 명령의 분류

(1) 시퀀스 명령

명령의 세분류	내용
접점 명령	연산 시작, 직렬접속, 병렬접속
결합 명령	회로 블록의 접속, 연산 결과의 펄스화, 연산 결과의 기억 · 읽기
출력 명령	비트 디바이스의 출력, 펄스 출력, 출력 반전
시프트 명령	비트 디바이스의 시프트
마스터 컨트롤 명령	마스터 컨트롤
종료 명령	프로그램의 종료
기타 명령	프로그램의 정지, 무처리 등 상기 분류에 들어가지 않는 명령

(2) 기본 명령

명령의 세분류	내용
비교 연산 명령	=, >, < 등의 비교
산술 연산 명령	BIN, BCD의 가감승제
BCD ↔ BIN 변환 명령	BCD → BIN, BIN → BCD로의 변환
데이터 전송 명령	지정된 데이터의 전송
블록 분기 명령	프로그램의 점프
프로그램 실행 제어 명령	인터럽트 프로그램의 허가/금지
I/O 리플래시 명령	부분 리플래시의 실행
기타 편리 명령	업다운 카운터, 티칭 타이머, 특수 기능 타이머, 로터리 테이블의 주변 제어 등의 명령

(3) 응용 명령

명령의 세분류	내용
논리 연산 명령	논리합, 논리적 등의 논리 연산
로테이션 명령	지정된 데이터 회전
시프트 명령	지정된 데이터의 시프트
비트 처리 명령	비트 세트/리셋, 비트 테스트, 비트 디바이스의 일괄 리셋
데이터 처리 명령	16비트 데이터의 서치, 디코드, 엔코드 등의 데이터 처리
구조화 명령	반복 연산, 서브 루틴 프로그램의 호출, 회로 단위의 인덱스 수식
데이터 테이블 조작 명령	FIFO 테이블의 읽기/쓰기
버퍼 메모리 액세스 명령	특수 기능 모듈과의 데이터 읽기/쓰기
표시 명령	아스키코드의 프린트, 문자의 LED 표시 등
디버그, 고장 진단 명령	검사, 스테이터스 래치, 샘플링 트레이스, 프로그램 트레이스
문자열 처리 명령	BIN/BCD ↔ ASCII 변환, BIN ↔ 문자열 변환, 부동 소수점 데이터 ↔ 문자열 변환, 문자열 처리 등
특수 함수 명령	삼각함수, 도 ↔ 라디안 변환, 지정 연산, 자동 대수, 평방근
데이터 제어 명령	상하한 리밋 제어, 불감대 제어, Zone 제어
파일 레지스터 전환 명령	파일 레지스터의 블록 No. 전환, 파일 레지스터/코멘트 파일 지정
시계용 명령	년, 월, 일, 시, 분, 요일의 읽기/쓰기, 시, 분, 초 ↔ 초의 변환
주변 기기용 명령	주변 기기로의 입출력
프로그램 제어용 명령	프로그램의 실행 조건의 전환 명령
기타 명령	WDT 리셋, 타이밍 클록 등 상기 분류에 들어가지 않는 명령

(4) 데이터 링크용 명령

명령의 세분류	내용
네트워크 리플래시 명령	지정 네트워크의 리플래시
QnA 링크 전용 명령	타국 데이터의 읽기/쓰기, 타국과의 데이터 송수신, 타국으로의 처리 요구
A호환 링크 명령	지정국의 워드 디바이스 읽기/쓰기, 리모트 I/O국 특수 기능 모듈에서의 데이터 읽기/쓰기
라우팅 정보의 읽기/쓰기 명령	라우팅 정보의 읽기/쓰기/등록

(5) Q CPU용 명령

명령의 세분류	내용
Q CPU용 명령	모듈 정보 읽기, 트레이스 세트/리셋, 바이너리 데이터 읽기/쓰기, 메모리 카드에서의 프로그램 로드/언로드/로드+언로드, 고속 파일 레지스터 블록 전송

(6) 이중화 시스템 명령

명령의 세분류	내용
Q4AR CPU 명령	기동 시 작동 모드 설정, 전환 시 작동 모드 설정, 데이터 트래킹, 버퍼 메모리 일괄 리플래시

4 시퀀스 명령의 종류

MELSEC PLC에는 여기에 설명한 명령 외에도 프로그래밍을 위한 수많은 명령이 있다. 여기에는 입문자 수준에서 이해하기 쉬운 명령만 나열하였다.

(1) 접점 명령

명령어	심벌	기능	스텝 수
LD (Load)	⊣⊢	논리 연산 시작 (a접점 연산 시작)	1
LDI (Load Inverse)	⊣╱⊢	논리 부정 연산 시작 (b접점 연산 시작)	1
AND (And)	⊣⊢	논리곱 (a접점 직렬접속)	1
ANI (And Inverse)	╱⊢	논리곱 부정 (b접점 직렬접속)	1
OR (Or)	└┘⊢	논리합 (a접점 병렬접속)	1
ORI (Or Inverse)	└┘╱⊢	논리합 부정 (b접점 병렬접속)	1
LDP (Load Puls)	⊣↑⊢	펄스 상승 연산 시작	2
LDF (Load Falling)	⊣↓⊢	펄스 하강 연산 시작	2
ANDP (And Puls)	⊣↑⊢	펄스 상승 직렬접속	2
ANDF (And Falling)	⊣↓⊢	펄스 하강 직렬접속	2
ORP (Or Puls)	└┘↑⊢	펄스 상승 병렬접속	2
ORF (Or Falling)	└┘↓⊢	펄스 하강 병렬접속	2

(2) 결합 명령

명령어	심벌	기능	스텝 수
ANB (And Block)		논리 블록간의 AND (블록간의 직렬연결)	1
ORB (Or Block)		논리 블록간의 OR (블록간의 병렬연결)	1
MEP		연산 결과 상승 펄스화	1
MEF		연산 결과 하강 펄스화	1
MPS (Memory Push)		연산 결과의 기억 (분기 시작)	1
MRD (Memory Read)		기억한 결과 읽기 (중간 분기)	1
MPP (Memory Pop)		기억한 결과 리셋 (분기 종료)	1

(3) 출력 명령

명령어	심벌	기능	스텝 수
OUT		디바이스 출력 (ON/OFF)	디바이스에 따라 다름
SET	SET D	디바이스 세트 (1로 전환 유지)	
RST (Reset)	RST D	디바이스 리셋 (0으로 전환 유지)	
PLS (Puls)	PLS D	상승 에지 신호에만 반응하여 1스캔 ON	2
PLF (Plus Falling)	PLF D	하강 에지 신호에만 반응하여 1스캔 ON	2
FF (Flip Flop)	FF D	디바이스 출력 반전	2

(4) 시프트 명령

명령어	심벌	기능	스텝 수
SFT (Shift)	SFT D	디바이스를 1비트 왼쪽으로 이동	2
SFTP (Shift Puls)	SFTP D	디바이스를 1비트 왼쪽으로 이동(펄스 동작)	2

(5) 마스터 컨트롤 명령

명령어	심벌	기능	스텝 수
MC (Master Control)	MC n D	마스터 컨트롤 시작	2
MCR (MC Reset)	MCR D	마스터 컨트롤 종료	1

(6) 종료 명령

명령어	심벌	기능	스텝 수
FEND	FEND	메인 루틴 프로그램의 종료	1
END	END	시퀀스 프로그램의 종료 (시퀀스 프로그램 마지막 에 반드시 포함)	1

(7) 기타 명령

명령어	심벌	기능	스텝 수
STOP	STOP	PLC 시퀀스 STOP	1
NOP	–	아무런 연산 없음 스텝 번호만 1 증가	1
NOPLF	NOPLF	아무런 연산 없음 프린트할 때 페이지 나눔	1

[출처: MITSUBISHI Q CPU 프로그래밍 매뉴얼]

5 기본 명령의 종류

(1) 비교 연산 명령

명령어		심벌	기능	스텝 수
16비트 데이터 비교	=	—[= | S1 | S2]—	S1=S2일 때 ON	3
	< >	—[< > | S1 | S2]—	S1≠S2일 때 ON	3
	>	—[> | S1 | S2]—	S1>S2일 때 ON	3
	<	—[< | S1 | S2]—	S1<S2일 때 ON	3
	>=	—[> = | S1 | S2]—	S1≧S2일 때 ON	3
	<=	—[< = | S1 | S2]—	S1≦S2일 때 ON	3
32비트 데이터 비교 (Double)	D=	—[D= | S1 | S2]—	(S1+1,S1)=(S2+1,S2) 일 때 ON	5
	D< >	—[D< > | S1 | S2]—	(S1+1,S1)≠(S2+1,S2) 일 때 ON	5
	D>	—[D> | S1 | S2]—	(S1+1,S1)>(S2+1,S2) 일 때 ON	5
	D<	—[D< | S1 | S2]—	(S1+1,S1)<(S2+1,S2) 일 때 ON	5
	D>=	—[D> = | S1 | S2]—	(S1+1,S1)≧(S2+1,S2) 일 때 ON	5
	D<=	—[D< = | S1 | S2]—	(S1+1,S1)≦(S2+1,S2) 일 때 ON	5

(2) 산술 연산 명령

명령어		심벌	기능	스텝 수
16비트 연산	+	`+  S D`	$(D)+(S) \rightarrow (D)$	3
		`+  S1 S2 D`	$(S1)+(S2) \rightarrow (D)$	4
	−	`−  S D`	$(D)-(S) \rightarrow (D)$	3
		`−  S1 S2 D`	$(S1)-(S2) \rightarrow (D)$	4
	*	`*  S1 S2 D`	$(S1)*(S2) \rightarrow (D+1, D)$	3
	/	`/  S1 S2 D`	$(S1)/(S2) \rightarrow$ 몫 (D) 나머지 $(D+1)$	4
32비트 연산	D+	`D+  S D`	$(D+1,D)+(S+1,S)$ $\rightarrow (D+1, D)$	5
		`D+  S1 S2 D`	$(S1+1,S1)+(S2+1,S2)$ $\rightarrow (D+1, D)$	6
	D−	`D−  S D`	$(D+1,D)-(S+1,S)$ $\rightarrow (D+1, D)$	5
		`D−  S1 S2 D`	$(S1+1,S1)-(S2+1,S2)$ $\rightarrow (D+1, D)$	6
	D*	`D*  S1 S2 D`	$(S1+1,S1)*(S2+1,S2)$ $\rightarrow (D+3, D+2, D+1, D)$	4
	D/	`D/  S1 S2 D`	$(S1+1,S1)/(S2+1,S2)$ $\rightarrow$ 몫 $(D+1, D)$ 나머지 $(D+3, D+2)$	4
데이터 증분	INC	`INC  D`	D를 1 증가	2
	DEC	`DEC  D`	D를 1 감소	2

㈜ 펄스 동작은 명령 뒤에 P를 붙인다.

(3) 데이터 변환 명령

명령어	심벌	기능	스텝 수
BCD (Binary coded decimal)	┤ BCD │ S │ D ├	(S)를 BCD 변환 → (D) ※ (S)는 BIN(0~9999)	3
BIN (Binary)	┤ BIN │ S │ D ├	(S)를 BIN 변환 → (D) ※ (S)는 BCD(0~9999)	3

(4) 데이터 전송 명령

명령어	심벌	기능	스텝 수
MOV (Move)	┤ MOV │ S │ D ├	(S) → (D)	2
DMOV (Double Move)	┤ DMOV │ S │ D ├	(S+1, S) → (D+1, D)	3
XCH (Exchange)	┤ XCH │ S │ D ├	(S) ↔ (D)	3
SWAP (swap)	┤ SWAP │ D ├		3

(5) 프로그램 분기 명령

명령어	심벌	기능	스텝 수
CJ (Conditional Jump)	┤ CJ │ Pn ├	입력 조건 성립 시에 Pn으로 점프	2
SCJ	┤ SCJ │ Pn ├	입력 조건 성립한 다음의 스캔에서 Pn으로 점프	2

(6) 프로그램 실행 제어 명령

명령어	심벌	기능	스텝 수
DI (Disable Interrunpt)	DI	인터럽트 프로그램의 실행을 금지한다.	1
EI (Enable Interrupt)	EI	인터럽트 프로그램의 실행 금지를 해제한다.	1

(7) 기타 편리 명령

명령어	심벌	기능	스텝 수
STMR (Special Timer)	STMR S n D	(D)+0 : 오프 딜레이 타이머 (D)+1 : 오프 후 원숏 타이머 (D)+2 : 온 후 원숏 타이머 (D)+3 : 온 딜레이 타이머	
PWM (Puls Width Modulation)	PWM n1 n2 D	D : 펄스를 출력할 디바이스 번호(비트)	

[출처 : MITSUBISHI Q CPU 프로그래밍 매뉴얼]

6 응용 명령의 종류

(1) 로테이션 명령

명령어	심벌	기능	스텝 수
ROR (Rotation Right)	ROR D n	오른쪽으로 n비트 회전	3
ROL (Rotation Left)	ROL D n	왼쪽으로 n비트 회전	3

(2) 데이터 처리 명령

명령어	심벌	기능	스텝 수
SEG (7-segment decode)	⊣ SEG | S | D ⊢	(S)로 지정된 데이터를 7세그먼트 표시 데이터로 디코드하여 (D)로 지정된 디바이스에 저장	3
MAX (Maximum)	⊣ MAX | S | D | n ⊢	(S)로 지정된 디바이스부터 n점분의 데이터를 16비트 단위로 검색하여 최댓값을 (D)로 지정된 디바이스에 저장	4
MIN (Minimum)	⊣ MIN | S | D | n ⊢	(S)로 지정된 디바이스부터 n점분의 데이터를 16비트 단위로 검색하여 최솟값을 (D)로 지정된 디바이스에 저장	4
SORT	⊣ SORT | S1 | n | S2 | D1 | D2 ⊢ S2 : 1회에서 실행할 비교 수 D1 : 소트 완료 신호 D2 : 시스템용	(S1)으로 지정된 디바이스부터 n점분의 데이터를 16비트 단위로 소트 ※ n×(n-1)/2 스캔 필요	6

(3) 구조화 명령

명령어		심벌	기능	스텝 수
반복문	FOR	├─ FOR | n ⊣	FOR~NEXT 간을 n회 실행	2
	NEXT	├─ NEXT ⊣		1
	BREAK	⊣ BREAK | D | Pn ⊢	FOR와 NEXT 간의 실행을 강제로 종료하고, 포인터 Pn으로 점프	3
	BREAKP	⊣ BREAKP | D | Pn ⊢		
서브루틴 호출	CALL	⊣ CALL | Pn | S1~Sn ⊢	입력 조건 성립 시에 Pn에 있는 서브루틴 프로그램을 실행 ※ S1~Sn은 서브루틴 프로그램의 인수 0≤n≤5	2+n
	CALLP	⊣ CALLP | Pn | S1~Sn ⊢		
	RET	├─ RET ⊣	서브루틴 프로그램에서의 복귀	1

[출처 : MITSUBISHI Q CPU 프로그래밍 매뉴얼]

7 시퀀스 명령 사용법

(1) OUT 명령

OUT은 입력 조건이 ON으로 되면 지정된 장치를 "ON"으로 하고, 입력 조건이 OFF가 되면 지정된 장치를 "OFF"로 한다.

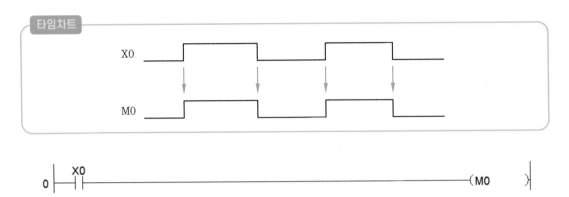

OUT의 입력 조건이 두 개 이상일 때를 생각해 보자.

디바이스 하나가 X0를 눌러도 켜지고, X1을 눌러도 켜지게 하려면 어떻게 하면 좋을까?

프로그램을 아래처럼 작성하면 X0를 눌렀을 때 M0이 켜지지 않는다. 왜냐하면, 첫 번째 줄에서 ON된 X0에 의해서 M0에 1을 저장하지만, 그다음 줄에서는 OFF된 X1에 의해 M0에 0이 저장된다. 결국, END 이후에 값이 변경되는 시점에서는 M0, Y20 모두 0인 것이다.

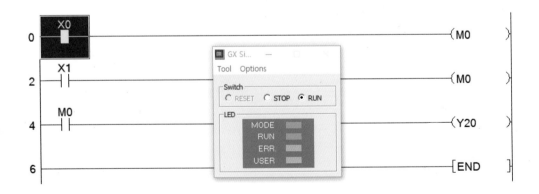

위와 같은 프로그램은 다음과 같이 X0와 X1을 OR 조건으로 연결하여 해결할 수 있다.

```
    X0
0 ──┤├──┬─────────────────────────────────────────(M0)──┤
    X1  │
  ──┤├──┘
```

플러스⁺⁺

이중 코일 금지 : 동일 코일 출력에 대해 OUT 명령을 중복 사용하면 맨 마지막 한번만 유효하게 출력한다. 이런 현상은 OUT 명령이 END 처리 이후에 출력값을 변경하기 때문이다.

지금 작성하고 있는 프로그램은 스캔 프로그램이다. 스캔이란 0스텝부터 마지막 스텝까지 순서대로 1회 연산하는 것을 말한다. PLC가 STOP → RUN되면 스캔 프로그램을 반복수행한다. 프로그램에 있는 외부 입출력 명령(LD, OUT 등)의 연산 결과는 매 스캔이 끝나면서 END 처리 후에 입출력 모듈로 일괄 반영된다.

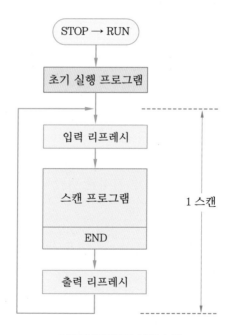

스캔 프로그램의 실행 순서

PLC 연산 결과를 입출력 모듈로 반영하는 것을 입출력 리프레시라고 한다. 입출력 리프레시는 스캔 프로그램의 연산 시작 전에 실행된다.

플러스++

입출력 리프레시 : PLC로 외부 신호가 들어오고 연산 결과가 나가려면 CPU 모듈이 입출력 모듈과
교신을 해야 한다. 이러한 교신은 스캔 프로그램의 연산 시작 전에 일괄적으로 실
행되는데 이것을 입출력 리프레시라고 한다.
따라서 PLC는 다음과 같은 특성이 있다.
① 한 스캔 내에서 푸시버튼을 눌렀다 떼면 PLC는 인지하지 못한다.
(그러나 사람이 이렇게 빠를 수 없음)
② 스캔 프로그램의 연산이 끝날 때까지는 연산 결과가 출력되지 않는다.

타이머는 매 스캔이 끝날 때마다 계측되는 스캔 시간을 OUT T□ 명령을 실행할 때 현
재 값에 더한다. 스캔 시간은 입출력 리프레시 시간과 명령어 처리시간, END 처리시간을
모두 합친 시간이다. END 처리시간은 END 명령의 시간, MELSECNET과 관련되는 리
프레시 시간, 주변 기기와의 교신 처리시간, 시리얼 커뮤니케이션 모듈 등과의 교신 시간
의 합계이다.

플러스++

현재 값의 갱신은 명령이 실행되는 순간에 이루어지며, 입출력은 리프레시 순간에 이루어진다.

(2) SET/RST 명령

SET 명령은 입력 조건이 "ON"으로 되면 지정된 디바이스를 "ON"으로 하고, 입력조건
이 OFF되어도 ON 상태를 유지한다.

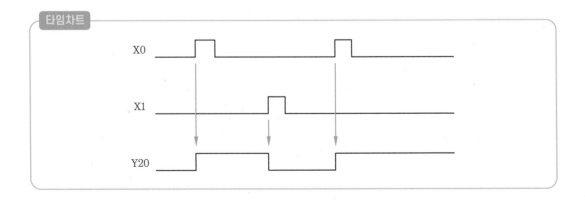

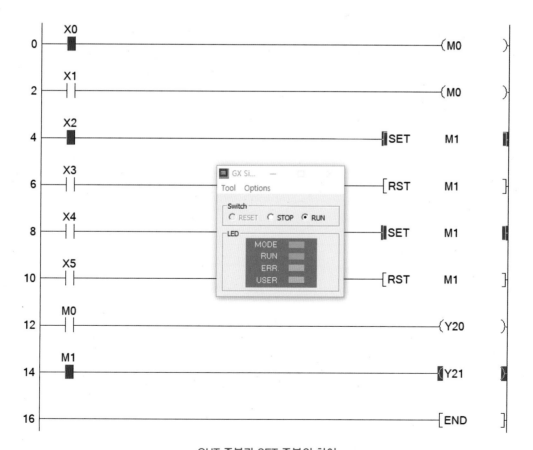

```
        X0
0      ┤ ├─────────────────────────────────────────[SET     Y20 ]

        X1
2      ┤ ├─────────────────────────────────────────[RST     Y20 ]


4      ───────────────────────────────────────────────────[END ]
```

RST 명령은 SET 명령에 의해서 ON되어 있는 디바이스를 OFF시키는 명령이다. 그 밖에 카운터나 적산 타이머에 대해서도 RST 명령을 사용할 수 있다.

OUT 명령은 같은 출력 접점에 대해서 두 번 이상 사용할 경우 제일 마지막 OUT 명령만 유효하지만, SET/RST 명령은 여러 번 중복하여 사용해도 입력 조건에 따라 모두 유효하게 동작한다.

다음 프로그램은 OUT 명령 중복과 SET 명령 중복을 실습하기 위한 것이다.

OUT 중복과 SET 중복의 차이

X0를 ON해도 X1이 OFF되어 있으면 M0가 ON되지 않는다는 것을 확인해 보자.
X2를 ON하면 X4를 ON하지 않아도 M1이 ON된다는 것을 확인해 보자.

(3) SFT/SFTP 명령

① SFT 명령

- 지정된 디바이스는 지정된 것보다 번호가 하나 적은 디바이스의 ON/OFF 상태를 가져와서 복사하고, 번호가 하나 적은 디바이스는 OFF된다.
- 예를 들면, SFT 명령에서 M1을 지정할 경우 SFT 명령 실행 시에 M0의 ON/OFF 상태를 M1로 시프트하고 M0을 OFF한다.
- 1을 연속해서 시프트할 경우, 시프트할 선두의 디바이스는 SET 명령으로 ON시켜 놓아야 한다.
- PLC의 연산은 위에서 아래 방향으로 진행되므로 번호가 점점 커지도록 작성하면 한 스캔 내에서 SFT 명령이 모두 마무리되므로 SFT 명령을 연속해서 이용할 경우는 디바이스 번호가 큰 것부터 프로그래밍해야 한다.

다음 프로그램은 SFT 명령을 사용할 때 M1부터 번호를 증가시키며 작성하여 정상적인 시프트 동작을 하지 못한다.

잘못된 SFT 프로그램

다음 프로그램은 M4부터 번호를 감소시키며 작성하여 정삭적인 시프트 동작을 한다. 먼저 X0를 눌러서 M0를 1로 세트시켜 놓고, X1을 여러 차례 눌렀다 놓았다 하면서 M1 부터 순서대로 ON되는지 확인해 보자.

정상적인 SFT 프로그램

② SFTP 명령

SFTP 명령은 SFT 명령과 같으나 시프트 조건에 펄스가 없는 경우에 사용한다.

```
0   ─┤↑├─ X0 ─────────────────────────[ SET   M0 ]

2   ─┤ ├─ X1 ┬─────────────────────────[ SFTP  M4 ]
             │
             ├─────────────────────────[ SFTP  M3 ]
             │
             ├─────────────────────────[ SFTP  M2 ]
             │
             └─────────────────────────[ SFTP  M1 ]

11  ──────────────────────────────────[ END ]
```

SFTP 명령 사용 프로그램

(4) PLS/PLF 명령

① **PLS 명령** : 입력 조건이 상승할 때 지정된 디바이스가 1스캔 동안 ON된다.

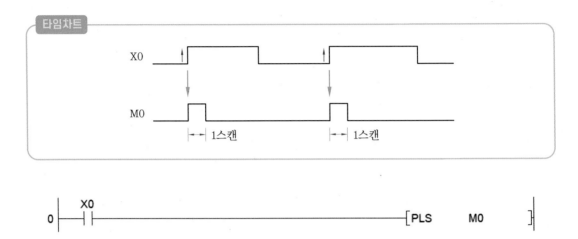

상승 조건에만 반응하므로 입력 조건의 OFF는 언제든지 상관없다. 이런 명령은 ON되어 있는 상태에 의해 계속해서 작동되면 안 되는 작업에 사용될 수 있다.

다음과 같은 프로그램을 작성하고 시뮬레이션해서 X0를 눌렀을 때와 X1을 눌렀을 때를 비교해 보자. X0를 ON했을 때는 X0가 다시 OFF되기 전까지 ON되어 있는 상태에 의해 D0가 계속해서 증가하는 것을 확인할 수 있다. X1을 ON했을 때는 펄스가 한 번만 나오므로 D1은 1만 증가하고 더 증가하지 않는다.

② **PLF 명령** : 입력 조건이 하강할 때 지정된 디바이스가 1스캔 동안 ON된다.

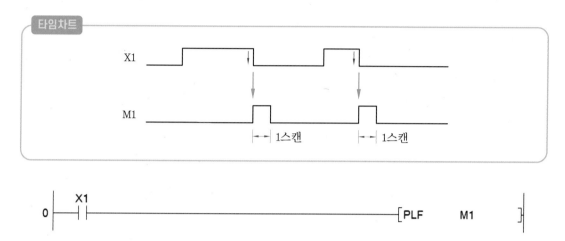

1스캔 동안 ON한다는 의미를 이해하기 위해서 다음과 같은 프로그램을 작성한다. 하나의 프로그램이 매 스캔 반복된다는 의미이므로 프로그램은 한 스캔만큼만 작성하면 된다.

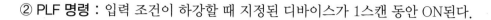

다음 스캔

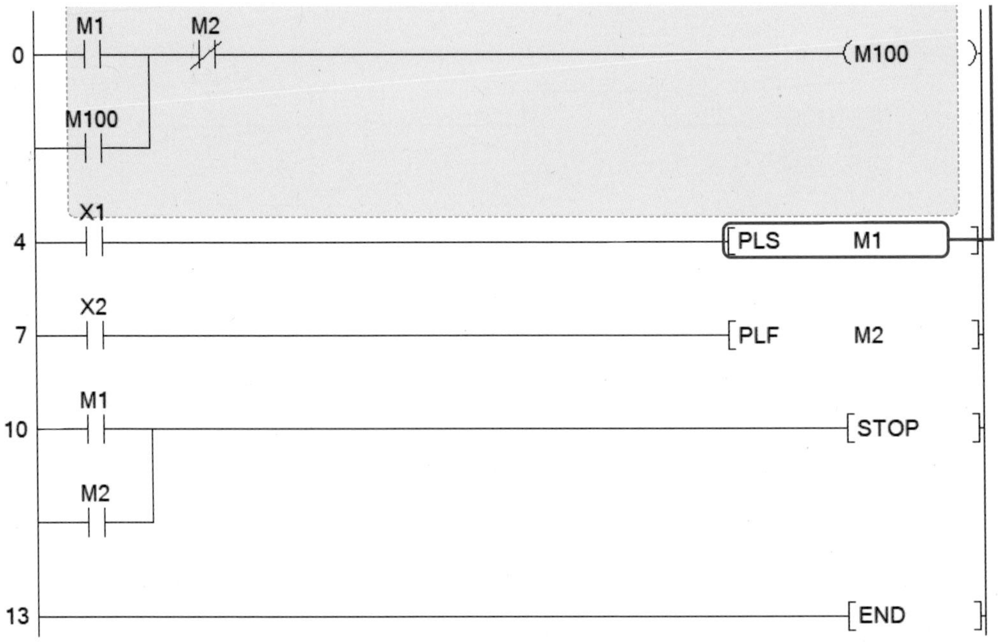

1스캔 동안 펄스가 ON된다는 말의 의미

펄스 발생 구간이 어디부터 어디까지인지를 잘 보아야 한다. PLS 명령으로 발생되는 펄스는 명령을 수행할 때 생긴다. END 명령을 만나도 펄스는 OFF되지 않는다. 그러면 언제 OFF되는가? 펄스가 발생된 그다음 스캔에서 똑같은 위치의 펄스 명령어에서 OFF된다.

시뮬레이션하면서 스캔의 마지막 부분에서 실행을 잠시 멈췄다가 다시 연속해서 실행함으로써 펄스가 그다음 스캔까지 ON되어 있음을 확인한다.

먼저, X1을 눌러서 M1 펄스를 발생시킨다. 첫 블록의 M1이 ON되었지만, M100이 ON되지 않았다. 네 번째 블록의 STOP 명령에 의해서 STOP 상태이기 때문에 첫 블록에 입력 조건이 모니터링되었어도 연산이 진행되지 않고 있으므로 M100이 OFF 상태를 유지하는 것이다. 시뮬레이션을 할 때 GX Simulation Manager의 Switch는 저절로 STOP으로 전환되지는 않는다.

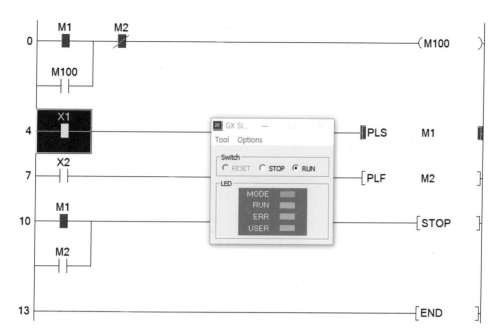

펄스 신호를 ON시킨 다음 정지된 상태

X1을 OFF시켜 놓고 GX Simulation Manager에서 Switch를 STOP으로 했다가 RUN으로 하면 시퀀스 프로그램의 실행이 재개되어 M100이 켜지는 것을 확인할 수 있다.

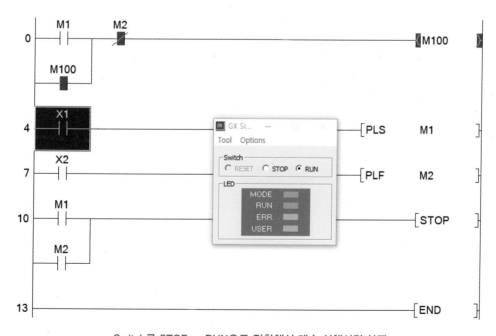

Switch를 STOP → RUN으로 전환해서 계속 실행시킨 상태

X2는 PLF로 펄스를 발생시키는 경우이다. 같은 방법으로 실습하여 확인해 보자. PLF는 X2를 ON할 때는 작동하지 않고, OFF할 때 작동된다는 것을 잊지 말아야 한다.

플러스⁺⁺

출력 명령 PLS/PLF은 접점 명령 LDP(─┤↑├─)/LDF(─┤↓├─)를 이용하는 것과 같은 결과이다. LDP/LDF는 모니터링할 때 ON/OFF 상태를 확인하기 어렵다.

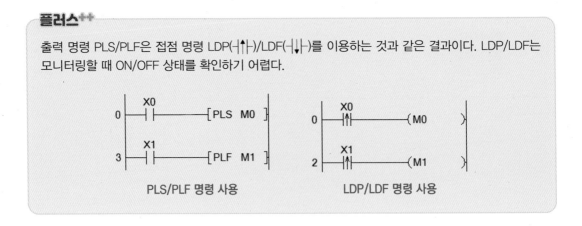

PLS/PLF 명령 사용   LDP/LDF 명령 사용

다음은 PLS 명령을 운전 조건 대기 프로그램에 사용한 경우이다. X0 입력으로 Y20이 곧바로 동작되는 것이 아니라, M1이 세트된 이후에 운전 조건이 모두 만족될 때까지 대기한다. 상승 펄스를 사용하여 프로그래밍하였으므로 운전 조건 대기는 X0가 새롭게 입력될 때만 가능하다.

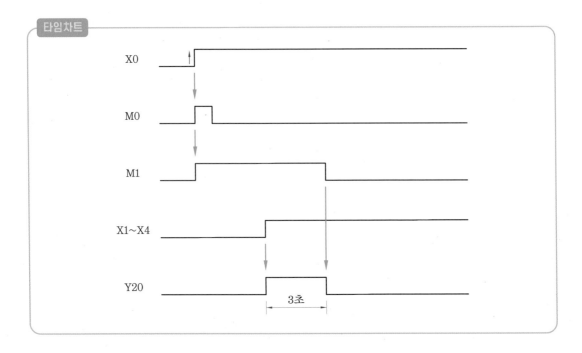

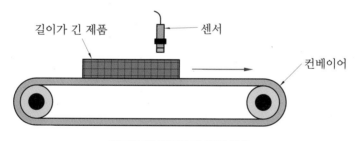

이동하는 물체의 통과 완료를 검출하는 프로그램에 사용할 수 있다. 길이가 긴 제품이 통과한 것을 검출하여 다음 가공을 시작할 때 PLF를 사용하면 편리하다.

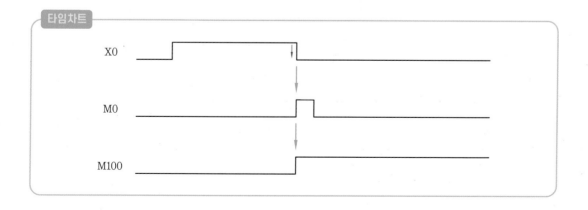

길이가 긴 제품의 끝 지점 검출

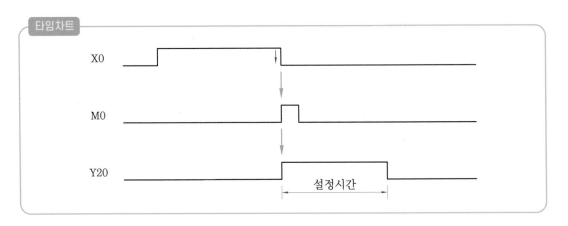

```
        X0
6      ─┤├─────────────────────────────────────[PLF      M0  ]

        M0
9      ─┤├─────────────────────────────────────[SET      M100 ]

        M100    X6      X12
11     ─┤├──┬──┤├──────┤├─────────────────────────(Y24    )
            │
            │   X6      X13
            └──┤├──────┤├─────────────────────────(Y25    )

20     ────────────────────────────────────────[END      ]
```

입력이 ON에서 OFF로 될 때 출력을 일정 시간 기동하는 프로그램에 사용할 수 있다. 입력이 OFF되는 신호를 검출하기 위해 PLF 명령을 사용하고, 일정 시간이 지난 후에 정지하도록 하는 데는 타이머를 사용하면 된다.

타임차트

```
X0      ┌──────────┐
   ─────┘          └────────────────

M0                 ┌┐
   ────────────────┘└───────────────

Y20                ┌──────────┐
   ────────────────┘          └──────
                   │←  설정시간  →│
```

```
        X0
6      ─┤├─────────────────────────────────────[PLF      M0  ]

        M0      T0                           K30
9      ─┤├─────┤╱├──────┬────────────────────(T0      )
        Y20            │
       ─┤├────────────┘
                       └────────────────────(Y20     )

17     ────────────────────────────────────────[END      ]
```

이렇게 OFF 신호를 설정 시간 이후에 반영하는 것을 "OFF Delay"라고 한다. 인체감지 센서가 붙은 전등이 ON되었다가 OFF될 때 사람이 지나간 후에도 한참 동안 켜져 있는 경우를 생각하면 되겠다.

푸시버튼을 누를 때마다 ON과 OFF를 반복하는 반복 동작 프로그램에 사용할 수 있다.

PLS 명령을 사용하면 푸시버튼을 눌렀을 때 동작하는 프로그램이 되고, PLF 명령을 사용하면 손을 떼었을 때 동작하는 프로그램이 된다.

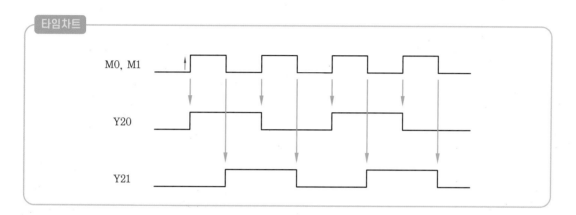

(5) MPS/MRD/MPP 명령

연산 결과를 메모리에 PUSH, READ, POP하는 명령이다. 공통 직렬 접점을 매개로 하여 복수의 출력 회로를 구동하는 프로그램을 작성할 때 사용된다.

```
        M15
        ─┤├─                                              ─(Y2F    )

        M16
        ─┤├─                                              ─(Y30    )

        M17
        ─┤├─                                              ─(Y31    )

        M18
        ─┤├─                                              ─(Y32    )

        M19
        ─┤├─                                              ─(Y33    )

        M20
        ─┤├─                                              ─(Y34    )

        M21
        ─┤├─                                              ─(Y35    )

        M22
        ─┤├─                                              ─(Y36    )

        M23
        ─┤├─                                              ─(Y37    )

      └─ M24
        ─┤├─                                              ─(Y38    )

     │ MPP 명령 │

73  ─────────────────────────────────────────────────────[END    ]
```

X0 입력을 로드한 후 MPS 명령으로 X0의 값을 메모리에 넣어 기억시키고, M1 조건을 추가한 후 Y21을 출력한다. 기억시킨 것을 MRD 명령으로 읽고 M2 조건을 추가한 후 Y22를 출력한다. 같은 방법으로 Y38까지 추가했다. MRD 명령은 여러 번 사용할 수 있지만, 24행까지만 사용할 수 있다.

최종 출력 회로는 MRD 명령 대신 MPP 명령을 사용한다. 그러면 넣어두었던 기억 내용을 꺼냄과 동시에 메모리에서 삭제된다.

MPS 명령은 다음 쪽과 같이 중복해서 사용할 수도 있지만, MPS 명령과 MPP 명령의 개수 차이는 11 이하로 하고 최종적으로는 같은 개수로 하여야 한다.

다음 두 프로그램의 스텝 수를 비교해 보면 위의 프로그램은 총 10스텝이고 아래의 프로그램은 총 6스텝이다. 다음 프로그램처럼 하면 MPS/MRD/MPP 명령을 사용하지 않고도 같은 결과를 얻을 수 있다.

```
0    X1      X2      X3                                      (Y20  )
     ─┤ ├───┤ ├───┤ ├─────────────────────────────────(Y20  )
                                                            (Y21  )
                                                            (Y22  )
10   ──────────────────────────────────────────────────[END  ]


0    X0                                                      (Y22  )
     ─┤ ├───────────────────────────────────────────(Y22  )
             X1                                             (Y21  )
             ─┤ ├────────────────────────────────────(Y21  )
                     X0                                      (Y20  )
                     ─┤ ├────────────────────────────(Y20  )
6    ──────────────────────────────────────────────────[END  ]
```

플러스++

MPS 명령은 공통접점 뒤로 여러 행의 프로그램을 붙일 때 편리하게 사용할 수 있으나 최대 24행까지만 가능하다. 그 이상 붙이면 "Over the edit range" 팝업 경고가 뜬다.

공통접점 뒤에 25행 이상을 붙여서 프로그램해야 할 경우에는 MPS 명령 대신 MC 명령을 사용하여 해결해야 한다.

(6) MC/MCR 명령

MC는 마스터 컨트롤(시작) 명령이고, MCR은 마스터 컨트롤 리셋(종료) 명령이다. 프로그램을 다음과 같이 작성한다.

[MC N□ M□]~[MCR N□]이 마스터 컨트롤의 기본 형태이다. MC 명령부터 MCR 명령까지를 껐다가 켰다가 할 수 있다.

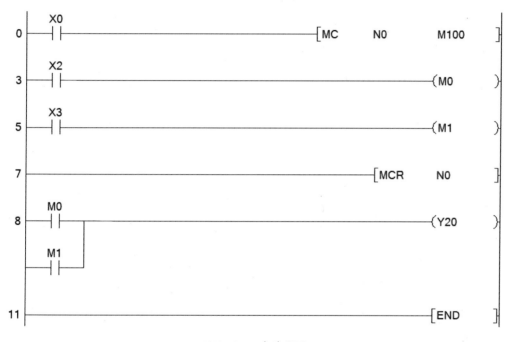

Write Mode(F2) 화면

명령어 [MC N0 M100]에서 N0는 네스팅 번호이고 M100은 마스터 컨트롤 부분을 켜고 끄는 접점이다.

이 명령에서 네스팅 번호(N)는 N0~N14까지 15개를 사용할 수 있다.

MC~MCR이 OFF되었을 때는 연산을 생략하는 것이 아니라 단지 공통 조건만 0으로 하여 연산을 수행하는 것이므로 스캔 타임은 거의 변하지 않는다.

F3을 눌러 모니터링 모드로 전환하면 마스터 컨트롤 구조를 볼 수 있다.

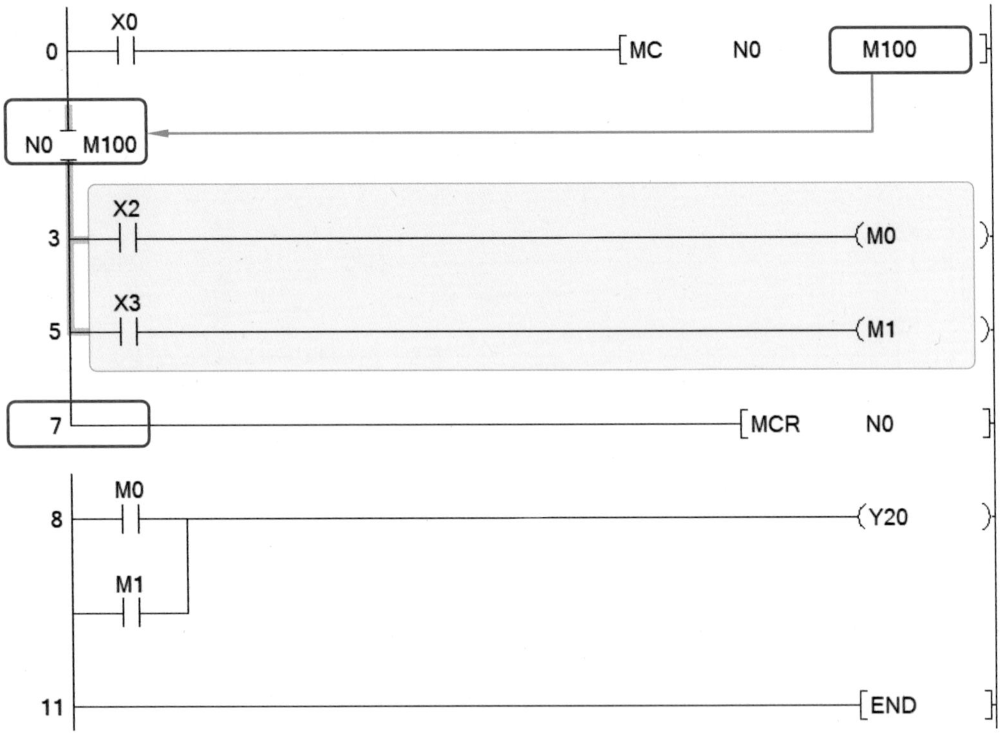

Monitor Mode(F3) 화면

플러스++

왼쪽 모선의 ÷은 프로그램할 때 입력하는 것이 아니고 모니터링 모드로 하면 저절로 나타난다.

위의 그림에서 알 수 있듯이 마스터 컨트롤이란 특정 구간의 모선에 접점을 붙여서 ON/OFF시킴으로써 그 구간 전체를 동작시킬지 말지를 제어하는 것이다.

위의 프로그램 맨 밑줄에 다음과 같이 X99에 의해서 M100이 켜지게 해 놓고 X99를 강제 ON 실행하면 M100이 켜질 때 마스트 컨트롤이 ON되어 작동하는 것을 확인할 수 있다.

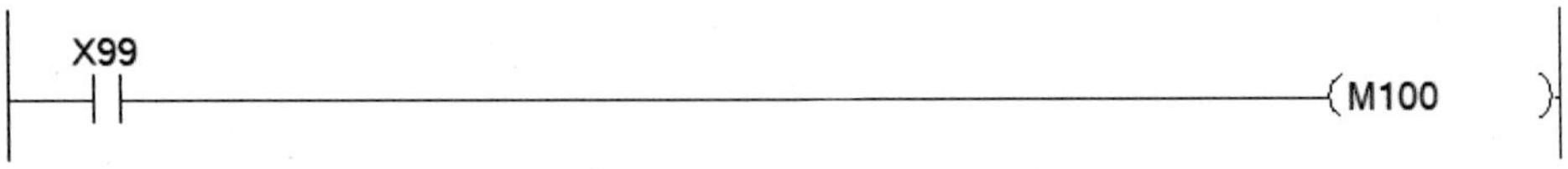

세로로 표시되는 M100 접점을 가로 방향으로 돌려놓고 프로그램하면 다음과 같은 동일한 의미의 프로그램이 된다.

플러스++

MC~MCR에 의해서 꺼졌을 때 디바이스 상태는 다음과 같이 된다.
· OUT 명령 : 모두 OFF로 된다.
· SET 명령, RST 명령, SFT 명령, 카운터 값, 적산 타이머 값 : 이전 상태를 유지한다.
· 100ms 타이머, 10ms 타이머 : 수치가 0으로 된다.

마스터 컨트롤 명령은 네스팅 구조로 할 수 있다. 네스팅 구조란 여러 겹의 중첩 관계를 말한다. 예를 들어 수식을 괄호로 묶을 때 ((1+2)+3) 이런 식으로 괄호 속에 괄호가 들어가는 것을 프로그래밍에서는 네스팅 구조라고 한다.

네스팅(nesting)은 영어로 "중첩"이라는 말이다. 둥지(nest)라는 단어에서 파생되어 둥지 모양 같은 괄호를 연상케 한다.

MC~MCR 프로그램의 안쪽에 MC~MCR 프로그램을 넣을 수 있다는 것이다.

단, 이러한 경우에는

· MC의 N 번호로는 작은 번호부터 사용한다.
· MCR의 N 번호로는 MC에서 사용하는 번호 가운데 큰 번호부터 사용한다.

다음은 MC, MCR 명령를 사용한 네스팅 구조의 예이다.

(7) CJ/SCJ 명령

CJ 명령은 입력 조건이 ON일 때 바로 지정된 곳으로 이동하여 프로그램을 실행한다. 이때 이동할 곳의 지정은 포인터 번호로 지정한다.

SCJ 명령은 입력 조건이 ON으로 되면 현재의 스캔은 실행하지만, 다음 스캔은 포인터 번호로 지정된 곳부터 실행한다. 입력 조건이 OFF일 때는 이동하지 않는다. SCJ 명령은 이동하기 전에 실행해야 할 것이 있을 때 사용하면 편리하다.

다음과 같은 프로그램을 작성하여 시뮬레이션하고 실행해 보자. X0을 ON하면 Y26을 켜지 않고 P10으로 넘어가지만, X1을 ON하면 Y27을 켜고 P11로 넘어간다. 시뮬레이션 할 때 X0을 ON한 상태에서 X1을 또 ON하면 X1 ON은 적용되지 않는다.

플러스⁺⁺

CJ와 SCJ 명령의 포인터 번호는 P0~P4095를 사용할 수 있다. 단, P255는 END 명령으로 이동하는 포인터이다.

X2를 ON해서 Y20이 켜진 상태에서 X1을 ON하면, P10을 건너뛰고 P11부터 실행하므로 X2를 OFF해도 Y20이 꺼지지 않는다.

(8) FEND/END 명령

앞의 프로그램에서 P10이 실행되면 그 밑에 있는 P11도 실행된다. P10만 실행되도록 하려면 P10의 블록 마지막에 FEND 명령을 넣어야 한다. FEND 명령은 메인루프 프로그램을 종료하는 명령이다.

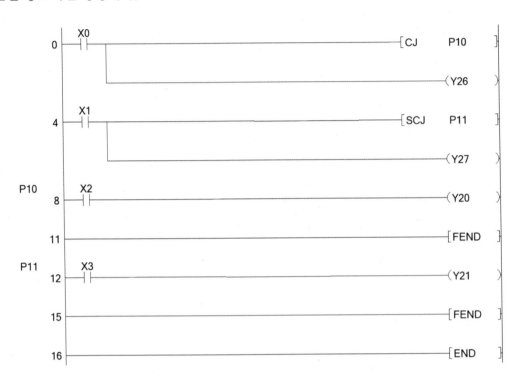

FEND 명령은 메인루프 프로그램의 종료만 하지만, END 명령은 메인루프 프로그램 종료와 함께 배터리 검사, 에러 검사, 다른 모듈 간의 교신 등의 END 처리를 모두 수행한다.

(9) CALL/CALLP/RET 명령

CALL 명령은 메인루틴 프로그램에서 서브루틴 프로그램을 호출할 때 사용되는 명령어이다.

① 서브루틴 프로그램이란?

실행되지 않고 있다가 메인루틴에서 불러주면 실행되는 프로그램이다. 쉽게 말하면 메인루틴 중간에 삽입되는 프로그램을 별도로 짜놓은 것이다.

서브루틴 프로그램의 첫 줄은 포인터(P)로 지정된 스텝이고 마지막 줄은 RET 명령이다. RET 명령은 메인루틴으로 돌아가게(Return) 해준다.

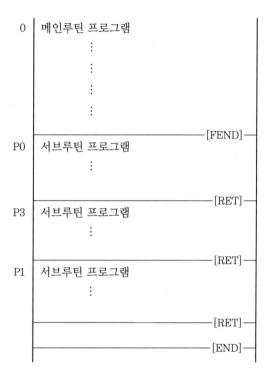

서브루틴 프로그램의 구조

② **서브루틴 프로그램의 이점** : 서브루틴 프로그램을 사용하면 다음과 같은 이점이 있다.
  • 하나의 프로그램 안에서 여러 번 같은 내용을 실행시킬 수 있다.
  • 1스캔 중에 여러 번 실행되는 프로그램을 서브루틴 프로그램으로 만들어 놓음으로써 다운로드되는 프로그램의 전체 스텝 수를 줄일 수 있다.
  • 특정 조건이 성립되었을 때만 실행되도록 함으로써 항상 실행되는 프로그램의 스텝 수를 줄일 수 있다.

③ **서브루틴 프로그램 작성 방법**
  • 서브루틴 프로그램은 메인루틴 프로그램을 FEND 명령으로 끝내고, 그 이후에 작성하여야 한다. 맨 끝에는 END로 끝나야 한다.
  • 여러 개의 서브루틴 프로그램을 작성할 때 순서의 제약은 없으므로 포인터를 꼭 빠른 순서부터 할 필요는 없다.

다음의 프로그램은 PLC가 RUN될 때 첫 스캔만 ON되어 D0와 D1에 각각 20과 30을 초 깃값으로 저장하고, X1을 누르면 P0의 서브루틴을 불러서 덧셈(+)을 수행하며, X2를 누르면 P1의 서브루틴을 불러서 뺄셈(−)을 수행하도록 작성된 것이다.

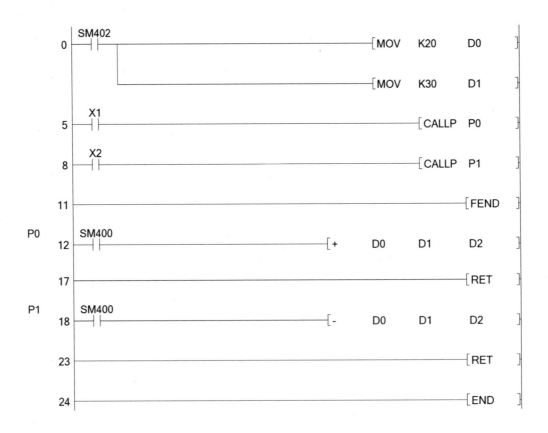

(10) NOP/NOPLF 명령

NOP은 No Operation의 약자이고, NOPLF는 NO Operation and Line Feed의 약자이다. 두 명령 모두 아무런 연산도 수행하지 않는 명령이다.

그런데 왜 사용할까?

NOP은 아무것도 하지 않는 명령이지만 스텝 수를 차지한다. NOP 하나에 1스텝이다. 프로그램을 하고 프린트를 다 해 놓았는데 수정하다가 스텝 수가 변경되면 다른 페이지에 있는 명령의 스텝 번호까지 모두 변경되어 컴퓨터 화면의 프로그램과 프린트된 프로그램을 대조하기 어렵게 된다. 결국 그 많은 페이지를 다시 프린트해야 하는 일이 벌어진다. 이럴 때 NOP을 사용한다.

프로그램에 NOP을 추가하려면 NOP을 추가하고 싶은 래더 블록에 커서를 놓고 Edit 메뉴에서 NOP Batch Insert를 누르고, 대화상자의 Number of Insert NOPs에 추가하고 싶은 NOP의 개수를 입력하면 된다. 삭제할 때는 NOP Batch Delete를 누른다.

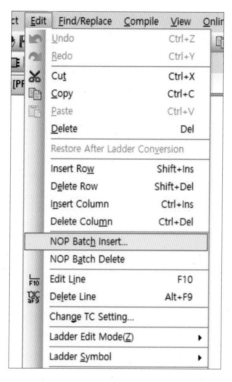

GX Works2의 Edit 메뉴

NOPLF는 프린트할 때 페이지를 넘기기 위해서 사용된다. 래더 블록의 구분에 NOPLF를 넣음으로써 프린트할 때 신규 페이지로 넘어가게 할 수 있다. NOPLF도 NOP과 같이 1스텝을 차지한다.

(11) STOP 명령

논리 조건에 따라 PLC를 STOP 모드로 변경할 때 사용된다.

STOP 명령의 조건이 ON되면 모든 출력 코일 Y를 리셋하고 PLC의 연산을 정지한다. PLC CPU 모듈의 RUN/STOP/RESET 스위치를 STOP으로 했을 때가 같다.

STOP 명령 실행 후에 프로그램을 다시 RUN시키려면 RUN/STOP/RESET 스위치를 STOP으로 조작한 후에 다시 RUN으로 조작해야 한다. Remote Operation으로도 RUN 조작이 가능하다.

다음과 같은 프로그램을 작성하여 시뮬레이션해 보자. X0부터 X4를 강제 조작하여 Y20, Y21, C0, T0을 ON시켜 놓은 후에 X5로 STOP 명령을 실행했을 때 어떻게 되는지 확인하고 다시 RUN했을 때 어떻게 되는지 확인해 보자.

STOP 명령이 실행되면 Y20과 Y21은 OFF되고, C0와 T0의 현재 값은 그대로 멈춘다. 다시 RUN 모드로 변경하면 Y20과 Y21은 다시 ON되고, C0과 T0은 멈춘 이후부터 계속된다.

시퀀스 회로 프로그래밍

③ 시퀀스 회로 프로그래밍

3-1 자기유지 회로

◾ 자기유지 시퀀스 회로

(1) 자기유지 회로의 의미

자기유지 회로란 스위치를 ON해서 릴레이의 출력이 ON 상태가 되면 스위치를 OFF해도 출력 자신의 접점에 의해 계속 ON된 상태를 유지하도록 만든 회로를 말한다.

다음 회로에서 PB1을 누르면 릴레이 코일 X1이 켜지고 X1-a접점도 ON된다. PB1을 누르고 있는 동안에는 릴레이 코일 X1이 PB1 스위치를 통해서도 전기를 공급받고 X1-a 접점을 통해서 전기를 공급받는다.

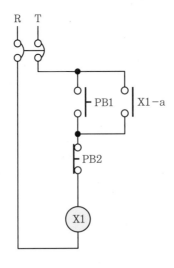

자기유지 회로

PB1을 놓으면 PB1을 통해서 공급되던 전기는 끊어지지만, X1-a접점을 통해서는 계속 전기를 공급받게 되므로 릴레이 코일 X1은 꺼지지 않는다. PB2를 누르면 공급되던 전기가 모두 끊어지므로 릴레이 코일 X1은 꺼진다.

플러스⁺⁺

- 전기 회로를 연결할 때는 푸시버튼의 a접점과 b접점을 구별해서 결선해 주어야 하지만, PLC에서는 a접점과 b접점을 프로그램으로 구현하므로 입력회로에서는 모두 a접점 스위치를 사용한다.
- PLC의 입력 모듈은 어떤 부품에 의해서 입력되었는지도 알지 못하고, 연결된 접점이 a접점인지 b접점인지도 알지 못한다. 단지, 신호가 ON되었는지 OFF되었는지만 인식한다.

(2) 자기유지 회로에 사용되는 스위치

스위치 자체에 유지 기능이 있는 스위치도 있지만, 자기유지 회로에서는 유지 기능이 없는 스위치를 사용한다.

플러스⁺⁺

① **유지 기능이 없는 스위치** : 푸시버튼 스위치는 손으로 눌러서 조작한다. 스위치 내부에 스프링이 있어서 누르면 들어가고 떼면 올라와 복귀된다.

② **유지 기능이 있는 스위치** : 실렉트 스위치는 손잡이를 돌리면 ON된다. 이때 푸시버튼과 다른 점은 한 번 돌려놓으면 계속 유지된다는 것이다. 스위치를 반대로 돌려야 OFF된다.

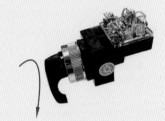

푸시버튼 스위치   실렉트 스위치

2 자기유지 프로그램

(1) 자기유지 프로그램 작성

자기유지 프로그래밍을 이용하여 푸시버튼 스위치를 한 번만 눌렀다 떼었을 때 동작이 유지되는 프로그램을 작성해 보자.

> 조건
>
> [입력] 푸시버튼 : X0   [출력] 모터 : Y20

01 먼저 PLC 프로그램에 a접점 X0와 출력 Y20을 입력한다.

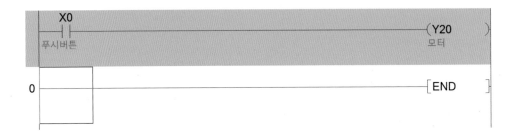

02 다음은 X0-a접점 아래에 Y20-a접점을 입력한다.

03 위와 같이 파란색 박스 모양의 커서가 Y20 바로 옆에 있을 때 [Ctrl] 버튼과 위 방향(↑)의 화살표 버튼을 동시에 눌러 수직선(Vertical Line)을 그어 올린다.

04 F4 키를 눌러 컴파일 빌드(Build)를 수행하면 회색이던 수정된 부분의 바탕이 아래처럼 흰색으로 바뀐다.

(2) 자기유지 프로그램 이해

01 다음은 초기 상태이다.

02 푸시버튼을 누르면 프로그램에서 X0-a접점이 동작하여 전선이 연결되는 것처럼 되고, 전기가 흘러 들어가 출력 Y20이 ON되어 모터가 구동된다.

03 프로그램 내에서 Y20 출력이 ON되면 같은 프로그램 내에 있는 모든 Y20의 a접점이 ON된다. 그래서 Y20-a접점이 ON되어 X0와 병렬로 자기유지 전류를 흘려보내는 것 같은 회로가 완성된다.

04 이제 푸시버튼에서 손을 뗀다. 푸시버튼에서 손을 떼면 프로그램 내에서의 X0-a접점 이 OFF되어 이 부분은 전기가 차단되는 것처럼 된다. 하지만 그 밑에 병렬로 연결된 Y20-a접점이 ON되어 있어서 계속해서 전기를 공급하고 있는 것처럼 되어 있으므로 출력 Y20은 OFF되지 않는다.

자기유지 프로그램에서 Y20이 한 번 ON되면 다음과 같은 동작이 반복되어 PLC가 정지하기 전까지는 계속 ON되어 있게 된다.

자기유지의 원리

이렇게 되어 자기유지 상태에 들어가서 ON되기 시작하면 끌 수가 없게 된다. 자기유지 를 끄기 위해서는 자기 자신에게 공급하는 전기를 차단해야 하는데, 어떤 방법이 있을까?

3 자기유지 해제 프로그램

(1) 자기유지 해제 프로그램 작성

이번에는 스위치가 2개 필요하다. 하나는 자기유지를 시작하는 스위치이고, 다른 하나는 자기유지를 정지시키는 스위치이다. 자기유지를 정지시키기 위해서는 어디를 끊어주어야 할까?

> 조건
>
> 시작 스위치 : X0   정치 스위치 : X1   모터 : Y20

01 먼저 위의 조건에 따라 시작 스위치를 눌렀을 때 모터가 구동되는 자기유지 회로를 입력한다. 이 프로그램은 자기유지가 시작되기만 하고 멈추지는 못하는 프로그램이다.

02 다음으로 X0-a접점 옆에 X1-b접점을 입력하여 자기유지 회로를 끊을 수 있도록 한다. 다음 화면과 같이 나오면 된다.

(2) 자기유지 해제 프로그램 이해

01 다음은 초기 상태이다.

02 시작 스위치를 누르면 X0-a접점이 연결되고 출력 Y20이 ON된다. 그러면 출력 모듈의 Y20 접점에 연결된 모터가 돌아가는 것이다.

03 출력 Y20이 ON되면 프로그램 내의 모든 Y20-a접점이 ON된다. 그러면 X0-a접점 밑에 병렬로 연결된 Y20-a접점이 ON되어 Y20으로 전기를 공급하는 전선이 2개가 생겼다.

04 시작 스위치에서 손을 떼도 Y20-a접점이 연결되어 있어서 출력 Y20은 ON 상태를 계속 지속하는 자기유지 상태가 된다.

05 이때 정지 스위치를 누르면 X1에 신호가 들어가서 초기 상태에서는 연결되어 있던 X1-b접점이 차단된다. 그러면 출력 Y20이 OFF된다.

06 출력 Y20이 OFF되면 Y20-a접점도 차단되어 결국 자기유지는 해제된다.

4 자기유지 프로그램 연결

앞에서 작성했던 두 개의 자기유지 블록을 연결하면 어떻게 동작될까? 첫 번째 자기유지 블록의 출력을 두 번째 자기유지 블록의 시작 스위치 대신 사용했을 때 어떻게 동작하는지 알아보자.

조건

> 푸시버튼1 : X0　　　푸시버튼2 : X1
>
> 모터1 : Y20　　　모터2 : Y21

01 두 개의 자기유지 블록의 출력을 모두 Y20으로 하면 아래쪽에서 계산된 Y20만 실체 출력 모듈에 반영되기 때문에 출력은 반드시 다른 접점을 사용해야 한다. 그래서 모터1을 Y20으로, 모터2는 Y21로 출력하는 것이다.

　연산은 한 스캔 시간 내에서 위에서부터 아래쪽으로 진행되므로 첫 번째 자기유지 블록의 출력 Y20의 값이 두 번째 자기유지 블록의 입력 Y20 값에 반영된다. 그래서 이 프로그램은 X0를 누르면 Y20이 ON되고, 두 번째 블록에서는 그 값을 받아서 연속해서 출력이 ON되는 것이다.

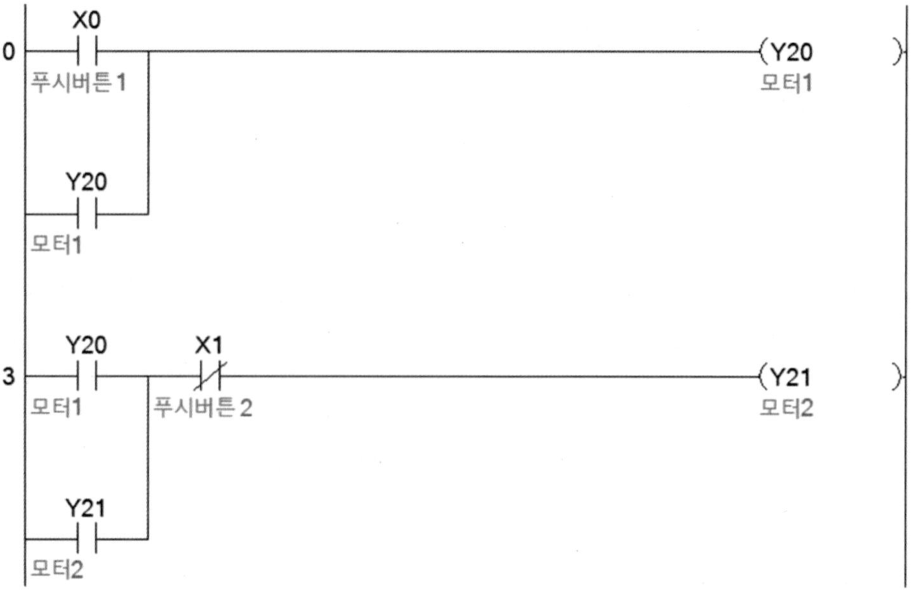

02 다음은 초기 상태이다.

03 푸시버튼1을 누르면 X0이 ON되어 스텝 0의 X0–a접점이 ON된다. 그러면 출력 Y20이 ON되고 프로그램에 있는 Y20의 모든 a접점이 ON된다. 현재 이 프로그램에는 Y20의 a접점은 두 개 있고, 모두 ON되어 있다.

플러스⁺⁺

프로그램의 왼쪽 세로로 된 선을 보면 0이란 숫자와 3이란 숫자가 보일 것이다. 이 숫자는 스텝 번호라고 하며, 그 줄의 첫 번째 명령어의 스텝 번호를 표시한 것이다. 예를 들어서 0 오른쪽에 있는 X0-a접점의 스텝 번호는 0이고, 3 오른쪽에 있는 Y20-a접점의 스텝 번호는 3이다.

04 스텝 3의 Y20-a접점이 ON되면 X1은 b접점을 통해 출력 Y21이 ON된다. b접점은 평상시에 연결된 상태이다. 출력 Y21이 ON되어 Y21-a접점이 ON되면 두 번째 블록도 자기유지되므로 결국 모터1과 모터2가 모두 ON 자기유지 상태가 된다.

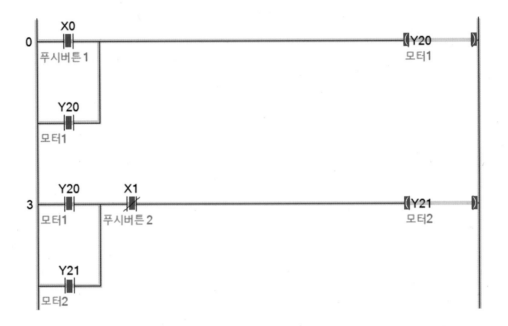

플러스⁺⁺

프로그램에서 푸시버튼1을 누르면 모터1이 먼저 ON되고, 모터2가 나중에 ON될 것 같지만, PLC는 한 스캔 시간 동안 프로그램 전체를 모두 연산한 후에 그 결과를 한 번에 출력 모듈을 통해서 외부로 출력하므로 모터1, 모터2는 동시에 돌기 시작한다.

05 푸시버튼2를 누르면 입력 모듈의 X1 접점으로 신호가 입력된다. 외부에서 X1 접점으로 신호가 입력될 때 b접점은 끊어지게 된다. 그러면 출력 Y21이 OFF되고 자기유지시키고 있던 Y21-a접점도 차단되어 결국 Y21은 더 이상 자기유지되지 않는다. 그렇지만 첫 번째 블록에는 자기유지를 끊어주는 부분이 없으므로 Y20의 자기유지는 차단할 수 없다.

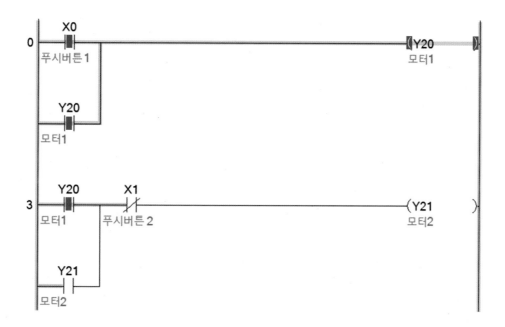

5 내부 릴레이를 이용한 자기유지

(1) 프로그램 작성

푸시버튼1을 눌렀을 때 모터1, 모터2가 동작하고 자기유지되며, 푸시버튼2를 누르면 모터1, 모터2가 차단되는 프로그램을 입력한다. 이때 M 디바이스를 사용한다.

조건

> 푸시버튼1 : X0   푸시버튼2 : X1   모터1 : Y20   모터2 : Y21

위의 조건에 따라 내부 릴레이 M0를 매개로 하여 Y20과 Y21을 출력하는 자기유지 프로그램은 다음과 같다.

(2) 프로그램 이해

01 다음의 프로그램은 초기 상태이다.

02 푸시버튼1을 누르면 PLC 입력 모듈의 X0 단자에 신호가 들어가고 프로그램상의 X0-a접점이 ON되어 출력 M0이 ON된다.

03 출력 M0이 ON되면 프로그램 내의 모든 M0-a접점은 ON된다. 그래서 X0 밑에 있는 M0-a접점에 의해 M0이 자기유지 된다.

04 스텝 4의 M0-a접점과 스텝 6의 M0-a접점도 ON되어 출력 Y20, Y21이 ON되어서 모터1과 모터2가 동작하게 된다. 결국 푸시버튼1을 누르면 모터1, 모터2가 동시에 동작하게 되고 자기유지 상태가 된다. 그리고 푸시버튼2를 누르면 자기유지 상태가 해제되어 출력 M0이 OFF되고, 프로그램 내의 모든 M0-a접점이 끊겨서 모터가 정지된다.

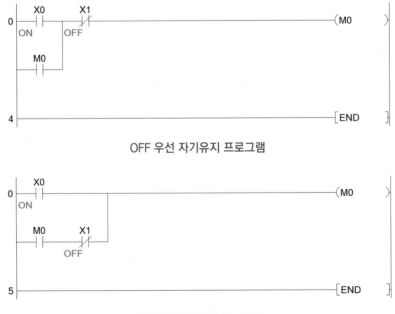

6 OFF 우선 / ON 우선 자기유지

자기유지에는 두 가지 방식이 있다. ON 우선 자기유지와 OFF 우선 자기유지이다.

OFF 우선 자기유지 프로그램은 ON 버튼과 OFF 버튼을 동시에 누르고 있을 때 자기유지가 OFF되는 프로그램이고, ON 우선 자기유지 프로그램은 ON 버튼과 OFF 버튼을 동시에 누르고 있을 때 자기유지가 ON되는 프로그램이다.

3-2 인터로크 회로

(1) 인터로크 회로

인터로크(interlock) 회로란 서로 차단하는 기능을 갖추어 서로 동시에 동작 상태에 있지 못하도록 만들어 놓은 회로이다. 다음과 같은 선행 우선 회로는 인터로크 회로의 한 예다. PB1과 PB2 중 조금이라도 먼저 누른 버튼만 동작되도록 할 때 사용된다. 퀴즈 대회에서 버튼을 먼저 누른 사람에게 먼저 기회를 주기 위해서 이런 회로가 사용된다.

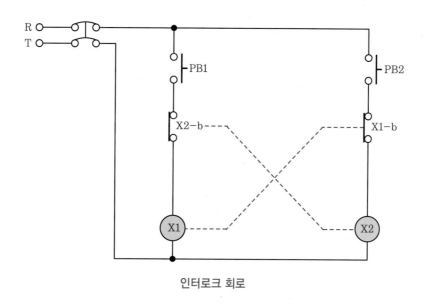

인터로크 회로

(2) 프로그램 작성

인터로크 회로를 PLC 프로그램으로 변경하면 다음과 같이 된다. PB1과 PB2는 입력 접점 X0, X1으로 하고, 릴레이 출력 X1, X2는 내부 릴레이 M0, M1으로 프로그램될 수 있다.

선행 우선 회로를 응용하여 두 개의 모터가 동시에 돌지 않도록 하는 프로그램을 작성해 보자.

조건

STOP : X0   PB1 : X1   PB2 : X2

모터1 : Y20   모터2 : Y21

다음 프로그램과 같이 M1 출력 앞에 M2 b접점을 연결하고, M2 출력 앞에는 M1 b접점을 연결하여 먼저 켜진 내부 릴레이의 b접점으로 상대편 릴레이의 출력을 막는 것이다.

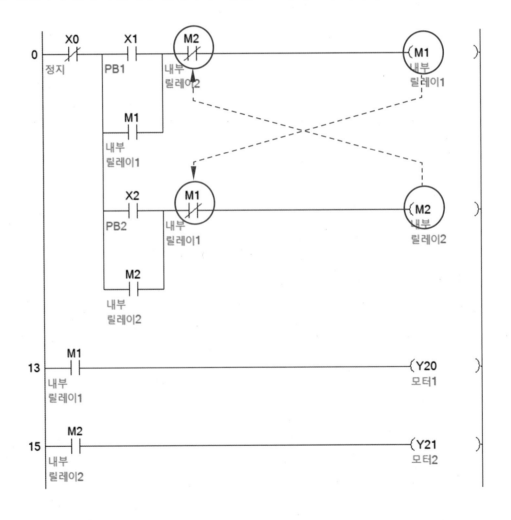

X1에 신호를 입력하여 M1 출력이 켜지면, 같은 프로그램 안에 있는 M1 b접점은 끊어지게 된다. 이 상태에서는 X2에 신호를 입력해도 그 뒤에 직렬로 연결된 M1 b접점이 끊어져 있어서 신호가 흘러가지 못해 M2는 켜지지 않는다. M2를 켜려면 X0를 눌러서 M1을 OFF시키고 X2를 눌러야 한다.

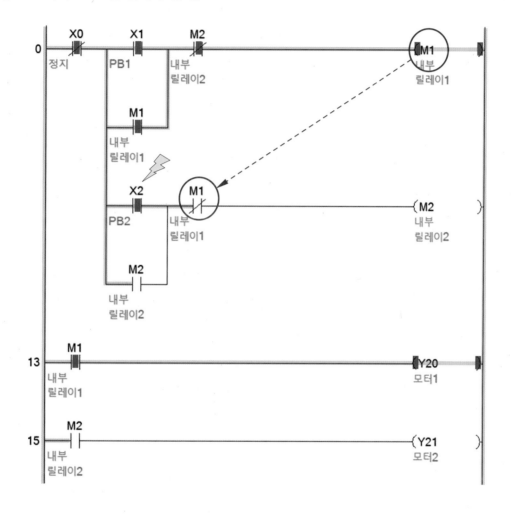

(3) 프로그램 연습

[연습문제] 1. 회로도에 있는 신입 동작 우선 회로를 PLC 프로그램으로 변경하시오.

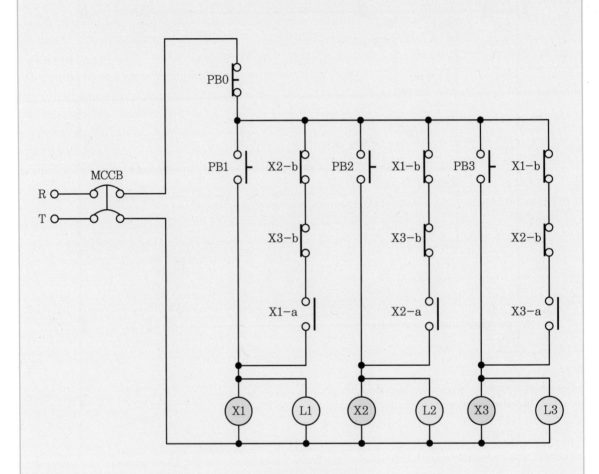

신입 동작 우선 회로

해답

[연습문제] 2. 회로도에 있는 순위별 우선 회로를 PLC 프로그램으로 변경하시오.

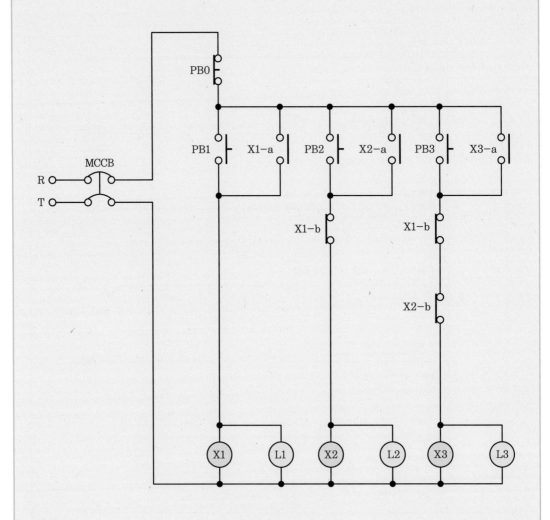

순위별 우선 회로

해답

3-3 타이머

❶ 타이머 전기 시퀀스 회로

(1) 타이머 릴레이

① 내부 회로

전기 회로에서 사용되는 타이머에는 릴레이가 들어있으니 당연히 그 릴레이 안에는 릴레이 코일과 접점이 있는 것이다. 다음 그림은 릴레이 옆면에 그려져 있는 내부 회로도이다. ②번과 ⑦번 핀은 릴레이 코일에 전기를 AC 220V 입력하라는 것이고, ①번과 ③번 핀은 곧바로 동작하는 순시 접점, ⑥번과 ⑧번은 시간이 지나면 연결되는 한시 a접점, ⑤번과 ⑧번은 시간이 지나면 떨어지는 한시 b접점이다.

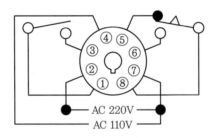

타이머 릴레이 내부 회로도

② 순시 동작과 한시 동작

타이머의 내부에는 시간을 지연시키는 회로와 릴레이가 들어 있다. 시간을 지연시키기 위해서 다이얼의 뒤쪽에 가변 저항이 연결되어 있고, 순시 동작과 한시 동작을 모두 수행하기 위해서 릴레이가 두 개 들어 있다.

플러스⁺⁺

① **순시(瞬時)** : '순'이라는 글자는 '눈을 깜짝이다'라는 의미이다. 입력이 들어오면 눈깜짝일 시간에 곧바로 동작한다는 것이다.

② **한시(限時)** : '한'이라는 글자는 '저지하다'라는 의미이다. 입력이 들어오더라도 시간이 지날 때까지 동작하지 않는 것을 말한다.

타이머 릴레이의 내부 구조

(2) 시퀀스 회로

지연 동작 회로를 구현하기 위해서는 타이머 릴레이가 필요하다. 가장 기본적인 타이머 회로이며, 입력이 주어진 후 설정 시간이 되어야 출력이 나오는 회로이다.

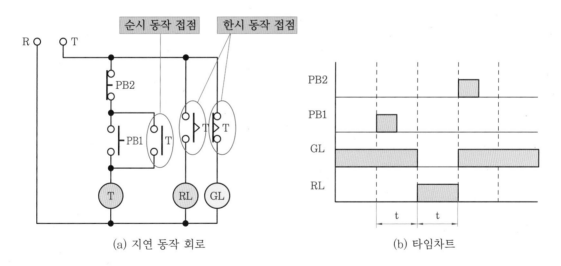

(a) 지연 동작 회로   (b) 타임차트

지연 동작 회로

다음 동작 설명을 보면서 회로의 어느 부분에서 일어나는 동작인지 따라가 보자.

┌─ 동작 설명 ─────────────────────────────────────┐

1. PB1을 눌렀을 때 타이머 코일 T에 전기가 공급되기 시작한다. 타이머 코일 T가 동작되면 타이머의 순시 a접점 T가 닫혀서 자기유지된다.
2. PB1에서 손을 떼어 푸시버튼 스위치의 접점을 OFF시켜도 순시 접점에 의한 자기유지가 되어있어서 타이머의 코일에는 계속 전기가 공급된다.
3. 설정된 시간이 경과하여 한시 a접점이 닫히고, 한시 b접점은 열려서 RL은 켜지고 GL은 꺼진다.
4. PB2를 누르면 순시 접점을 통해 공급되던 타이머의 전원이 차단되어 한시 접점도 원상태로 복귀된다.

└──┘

2 타이머 프로그래밍

(1) 프로그램 작성

이제는 기본적인 타이머 프로그램을 해보자. 입력으로는 X0를 사용하고 출력으로는 Y20과 Y21을 사용하였다. 입력이 들어왔을 때 곧바로 출력이 바뀌는 것이 아니라 시간이 3초 지나면 바뀌도록 하기 위해서 T0 타이머를 사용하였다.

타이머 접점은 타이머 코일과 같은 번호를 사용한다. 즉, 접점에도 T0를 똑같이 사용하는 것이다.

```
        X0                                      K30
0      ─┤├──────────────────────────────────(T0    )─
        T0
5      ─┤├────────────────────────────────────(Y20  )─
        T0
7      ─┤/├───────────────────────────────────(Y21  )─
9      ─────────────────────────────────────[END    ]─
```

(2) 프로그램 시뮬레이션

위와 같이 프로그램하고 시뮬레이션을 시작한다. 커서를 X0에 놓고 Shift + Enter⏎ 를 쳐서 강제로 X0를 ON시킨다. T0의 타이머가 시작되면서 타이머 심벌 아래쪽에 숫자가 증가하고 있는 것을 볼 수 있다. 3초가 모두 지나면 숫자는 30에서 멈추고 더 증가하지 않는다. 타이머의 시간이 설정된 시간을 모두 지나가면 접점이 전환되어 꺼져 있던 Y20은 켜지고 켜져 있던 Y21은 꺼진다.

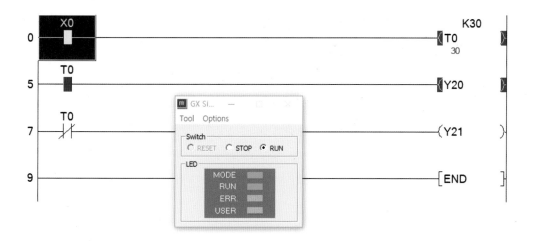

커서를 X0에 놓고 Shift + Enter⏎ 를 다시 쳐서 강제로 X0를 OFF시킨다. 타이머는 꺼질 때는 즉시 꺼진다.

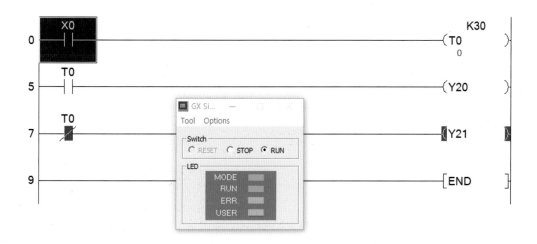

이렇게 켜질 때는 설정된 시간이 지나야 켜지고, 꺼질 때는 즉시 꺼지는 타이머를 "ON Delay Timer"라고도 한다.

(3) 프로그램 연습

앞의 예시에서는 X0를 계속 ON하고 있어야 했다. 왜냐하면, X0가 꺼지면 타이머 T0가 더 시간을 경과시키지 않고 곧바로 꺼지기 때문이다.

X0의 입력에 푸시버튼을 이용한다면 작업자가 시간이 다 지나갈 때까지 손을 떼지 못하고 계속 누르고 있어야 한다는 것이다. 그래서 일반적으로 타이머에는 자기유지 회로가 사용된다.

PB1을 누른 후 3초가 지나면 LAMP가 켜지고, PB2를 누르면 LAMP가 즉시 꺼지는 프로그램을 작성하시오. 이때 PB1을 계속 누르고 있지 않아도 되도록 하자.

> **조건**
>
> PB1 : X0   PB2 : X1   LAMP : Y20

힌트 내부 릴레이를 사용하여 자기유지 회로를 추가해 보자.

해답

4 OFF Delay

(1) OFF Delay의 의미

타이머 회로에는 "한시 복귀" 회로라고 하는 것이 있다. 즉, 동작할 때는 곧바로 동작하고 복귀할 때는 한참 있다가 복귀한다는 말이다.

예를 들어서 자동문은 사람이 감지되면 곧바로 열리지만 닫힐 때는 사람이 지나간 다음에도 어느 정도의 시간 동안은 열려 있다가 뒤늦게 닫힌다. 만약 사람이 감지되지 않는다고 곧바로 닫힌다면 사고가 날 수도 있으므로 곧바로 닫지 않는 것이다.

자동문

입력 신호가 없어져도 곧바로 꺼지는 것이 아니라 설정된 시간이 지나야 꺼지도록 하려면 어떻게 해야 할까? 이럴 때 사용되는 것이 "한시 복귀" 회로이다. PLC에서는 OFF Delay Timer라는 것도 있어서 쉽게 프로그램할 수 있지만, 여기서는 ON Delay Timer를 이용하여 한시 복귀를 구현해 본다.

플러스⁺⁺

OFF Delay Timer는 ON Delay Timer의 b접점과는 다른 것이다.

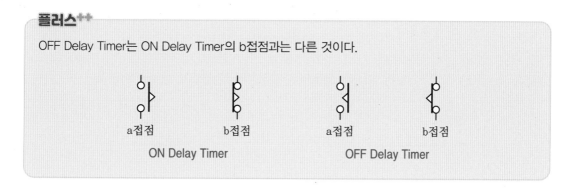

(2) OFF Delay 시퀀스 회로

다음 그림 한시 복귀 회로는 입력이 주어지면 곧바로 출력을 내고 입력을 제거하면 설정 시간까지는 계속 출력을 내지만, 설정 시간 후에는 자동으로 정지하는 회로이다.

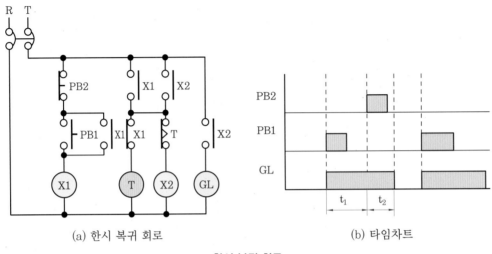

(a) 한시 복귀 회로

(b) 타임차트

한시 복귀 회로

다음 동작 설명을 보면서 위 회로의 어느 부분에서 일어나는 동작인지 따라가 보자.

동작 설명

1. PB1을 눌렀을 때 릴레이 코일 X1이 동작하여 X1의 a접점에 의해 자기유지된다.
2. 두 번째 회로의 X1 a접점에 의해 릴레이 코일 X2가 곧바로 동작하여 맨 마지막 회로의 X2 a 접점에 의해 GL 램프가 켜진다. 동시에 X1 b접점은 열려서 타이머 T에는 전기가 공급되지 않는다.
3. PB2를 눌러 릴레이 코일 X1 회로가 차단되면 두 번째 회로의 X1 b접점이 닫히게 되어 타이머 T에 전기가 공급되기 시작한다.
4. 타이머 T에 전기가 공급되기 시작하여 설정된 시간이 지나면 세 번째 회로의 타이머 T b접점이 열려서 릴레이 X2 회로가 차단된다.
5. 릴레이 X2 회로가 차단되면 마지막 회로의 X2 a접점이 열려서 GL 램프도 꺼진다.

(3) OFF Delay 프로그램 연습

앞의 한시 복귀 회로를 PLC 프로그램으로 구현해 보자. 복귀 지연 시간은 3초로 설정한다.

조건

PB1 : X0   PB2 : X1   LAMP : Y20

힌트 한시 복귀 회로의 릴레이 X1과 X2를 내부 릴레이 M0, M1으로 바꿔보자.

해답

5 지연 동작 한시 복귀

입력 신호가 들어가면 설정 시간이 지난 다음 출력을 내고, 입력이 제거되더라도 계속 출력을 내다가 설정 시간이 지나면 정지되는 회로이다.

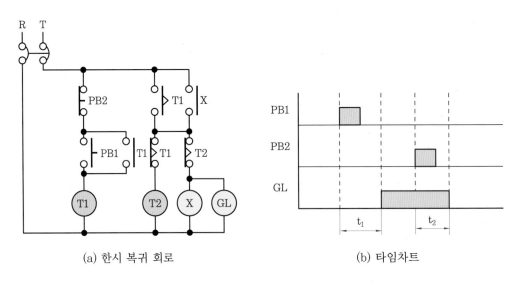

(a) 한시 복귀 회로   (b) 타임차트

지연 동작 한시 복귀 회로

위의 회로를 보고 동작 설명을 만들어 보자. 동작을 충분히 이해한 후에 위의 회로를 PLC 프로그램으로 바꿔보자.

동작 설명

1. PB1을 누르면 타이머 릴레이 T1의 순시 동작용 접점 T1 a접점에 의해 자기유지된다.
2. 설정된 시간 t_1이 지나면 두 번째 회로의 한시접점 T1 a접점이 접촉되어 릴레이 코일 X가 켜지고, 위쪽에 있는 X a접점에 의해 자기유지된다.
3. GL 램프는 릴레이 X가 켜질 때 함께 켜진다.
4. PB2를 누르면 타이머 릴레이 T1이 꺼지면서 두 번째 회로의 한시 접점 T1 b접점이 접촉되어 타이머 릴레이 T2가 켜진다.
5. T2에 설정된 시간 t_2가 지나면 릴레이 X 위쪽에 연결된 T2 b접점이 동작하여 떨어지면서 릴레이 X가 꺼진다.
6. GL 램프는 릴레이 X와 함께 꺼진다.

조건

PB1 : X1   PB2 : X2   GL LAMP : Y20

타이머1 : T1   타이머2 : T2   시간 설정 : 3초씩

힌트

```
        X1      X2
   0 ───┤├──────┤/├──────────────────────────────( M0  )
       PB1     PB2                                   내부
                                                    릴레이
        ┌──┤├──┐
        └──────┘

                                                    K30
   4 ───┤├────────────────────────────────────────( T1  )
                                                    타이머1

                        ┌─┤/├───────────────────────( M1  )
   9 ───┤├──────────────┤                            내부
                        │                            릴레이
        ┌──┤├───────────┴─┤/├───────────────────────( M2  )
        │                                            내부
                                                    릴레이

                                                    K30
  17 ───┤├────────────────────────────────────────( T2  )
                                                    타이머2

  22 ───┤├────────────────────────────────────────( Y20 )
                                                    GL 램프

  24 ─────────────────────────────────────────────[ END ]
```

해답

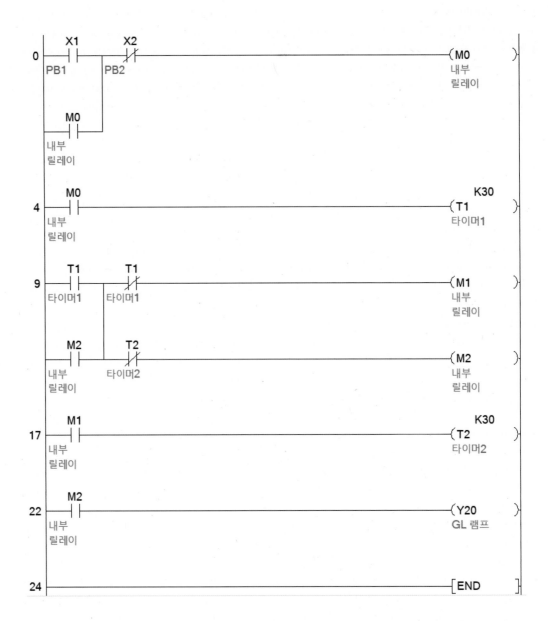

[시뮬레이션 결과]

커서를 X1에 놓고 [Shift]+[Enter↵]를 천천히 두 번 눌러서 푸시버튼 PB1을 손으로 눌렀다가 떼는 동작과 같은 신호가 입력되도록 한다. 그러면 M0가 자기유지되며 타이머 T1이 3초가 지나서 켜진다. 스텝 9의 T1 a접점에서 그 밑에 있는 T2 b접점을 지나 M2가 ON되면 스텝 22의 M2에 의해 Y20이 켜지게 된다.

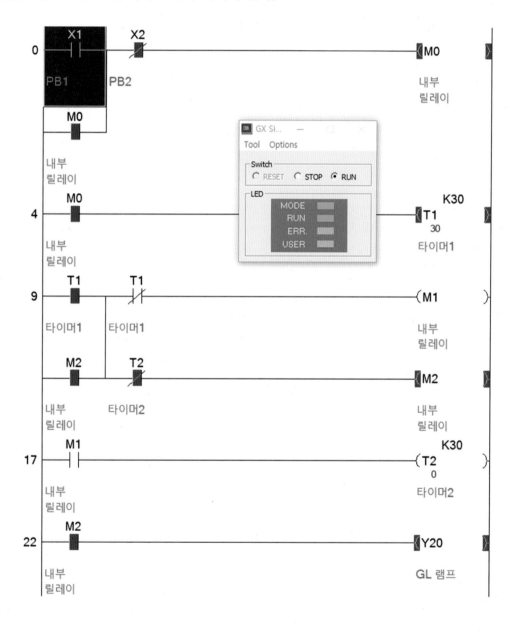

이번에는 커서를 X2에 놓고 [Shift]+[Enter↵]를 천천히 두 번 눌러서 푸시버튼 PB2를 손으로 눌렀다가 떼는 동작과 같은 신호가 입력되도록 한다. M0 코일이 꺼지면 스텝 4의 M0 a접점이 차단되어 T1이 꺼진다. T1이 꺼지면 스텝 9의 T1 a접점 뒤에 있는 T1 b접점이 연결되어 M1 코일이 켜진다. 그러면 스텝 17의 M1 a접점에 의해 T2가 동작을 시작하고 3초의 경과 시간이 지나면 스텝 9 밑에 있는 T2 b접점이 차단되어 M2가 꺼지고, 결국 스텝 22의 M2 a접점이 끊어져서 Y20이 꺼진다.

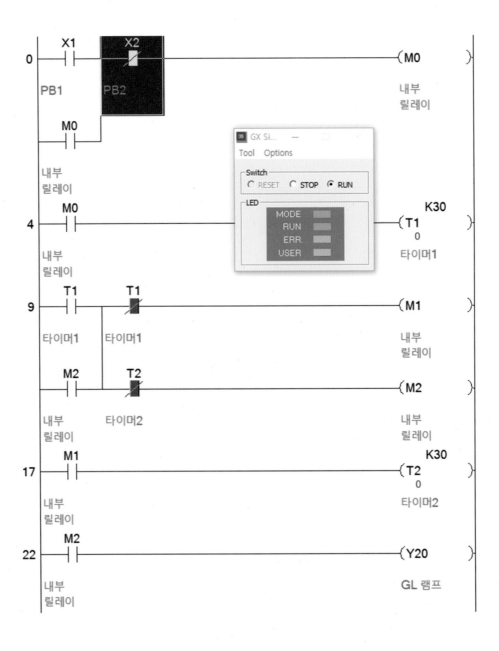

MELSEC 사용자 중심 PLC 강의

Chapter

4

자동화 장비 프로그래밍

4 자동화 장비 프로그래밍

4-1 실습용 자동화 장비의 구성

1 제어요소의 배치

PLC 프로그래밍을 연습하기 위한 실습용 자동화 장비가 있다. 제품을 자동으로 생산하는 자동화된 공장에서 흔히 볼 수 있는 제어요소들이 배치되어 있어서 생산 현장을 이해하고 서로 연관 지어 프로그래밍하는 연습을 할 수 있도록 되어 있다.

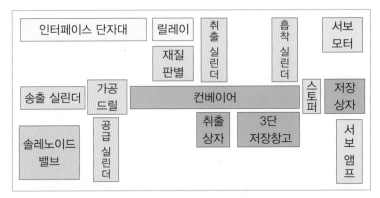

PLC 프로그래밍 실습용 자동화 장비

❷ 실습용 패널의 배선 방식

프로그램에 따라서 입출력 회로를 바꾸고 싶다면 어떻게 해야 할까? 실습용 장비에는 전선을 쉽게 연결하고 분리할 수 있는 바나나 잭 방식의 INPUT 패널과 OUTPUT 패널이 준비되어 있다.

자동화 장비 PLC 프로그래밍 실습용 패널

플러스⁺⁺

실무에서는 인터페이스 단자대를 사용하여 U 터미널이나 펜홀 터미널을 사용하여 연결한다. "터미널"이라는 말은 우리말로 "단자" 라고도 한다.

U 터미널　　　　　　펜홀 터미널

이런 종류의 터미널은 전선 끝에 찍어 붙여 사용해야 하는데 다음과 같은 터미널 압착기라는 공구가 사용된다. 전선을 하나하나 조심스럽게 꼭꼭 찍어 주어야 인터페이스 단자대에 딱 맞는 터미널이 완성된다.

터미널 압착기

바나나 잭은 설치와 해체가 빈번하게 일어나는 음향 장비나 계측 장비 또는 연구실용 실험 장비에서 주로 사용되는 연결 형태이다. 전선은 가능한 한 부드럽고 유연한 연선을 사용해서 케이블을 제작해야 오래 사용할 수 있다. 꽂고 뽑을 때는 옆으로 기울이지 말고 패널에 수직인 방향으로 꽂고 뽑아야 한다.

바나나 잭

❸ 입출력 패널의 접점

(1) INPUT/32POINT 패널

실습 장비에서 입력 모듈 QX41은 다음 그림처럼 낱선 케이블에 의해 바나나 잭 단자에 연결되어 있다. 배선이 복잡하여 X00~X0F까지만 연결을 표시하였는데 X10~X1F까지는 여러분이 상상해 보기 바란다. 맨 아래의 빨간색 COM은 4개 모두 연결되어 있다.

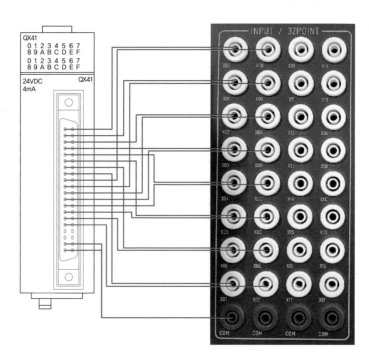

입력 모듈의 바나나 잭 단자 연결

(2) OUTPUT/32POINT 패널

출력 모듈도 입력 모듈과 마찬가지로 바나나 잭 단자에 연결되어 있어서 실습하기에 편리하다. 패널에 Y20~Y3F가 쓰여있는 것을 확인할 수 있다. 맨 아래의 파란색 바나나 잭 소켓은 COM이며 4개 모두 연결되어 있다.

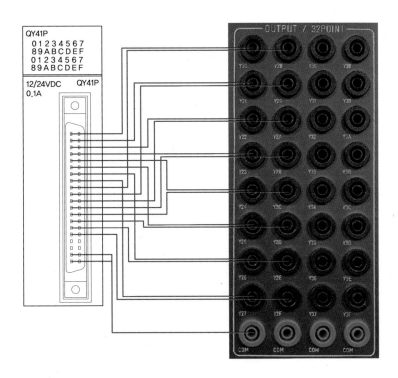

출력 모듈의 바나나 잭 단자 연결

INPUT 패널과 OUTPUT 패널의 차이점은 COM의 극성이다. INPUT 패널의 COM은 +24V를 연결해야 하고, OUTPUT 패널의 COM에는 0V를 연결해야 한다.

플러스++

출력 모듈 QY41P의 COM은 0V뿐이지만, 24V와 0V를 모두 연결해야 출력이 나온다. 실습 장비의 OUTPUT 패널에는 24V를 연결하는 소켓이 없지만 바로 옆에 붙어 있는 INPUT 패널에 24V를 꽂으면 이것이 OUTPUT 패널까지 연결되어 출력이 나오게 된다.

(3) 입출력 패널의 내부 회로

① 입력 패널의 내부 회로

PLC의 입력 모듈이 32점이라면 당연히 INPUT 패널도 32점으로 구성되어 있다. PLC의 첫 번째 슬롯에 32점짜리 입력 모듈이 장착되어 있다면 INPUT 패널의 입력 단자는 X00~X1F까지 번호가 정해지게 된다. 접점 번호는 16진수로 표기한다. PLC에서 데이터의 기본 단위가 16비트인 것을 생각하면 편리한 방법임이 틀림없다.

다음 그림은 INPUT 패널의 결선 방법이다. 입력 모듈의 핀을 그대로 바나나 잭 단자대로 연결해 놓은 것이므로, 입력 모듈의 내부 회로가 INPUT 패널 뒤에 있다고 생각하고 외부 회로를 결선하면 된다. 다음 그림처럼 내부 회로에 LED와 전기 저항만 연결되어 있고, 회로를 ON/OFF시킬 스위치와 전원이 없는 상태이므로 외부 회로에는 스위치와 전원만 연결하면 된다.

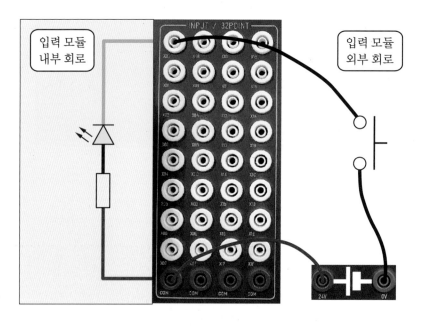

INPUT 패널의 결선 방법

내부 회로에 있는 LED가 켜지는지는 PLC 입력 모듈의 표시 LED를 보고 알 수 있다. 결선한 다음에는 제대로 되었는지를 꼭 확인하는 습관을 지녀야 한다.

플러스＊＊

외부 회로에 스위치 여러 개를 직렬 또는 병렬로 조합해서 연결하지 않도록 주의해야 한다. 입력 회로의 한 접점에는 한 개의 스위치만 연결한다. 스위치뿐만 아니라 모든 외부 기기는 접점에 1:1로만 연결한다.

② 출력 패널의 내부 회로

OUTPUT 패널도 출력 모듈의 접점 수에 맞게 32점으로 되어 있다. PLC에 출력 모듈이 32점짜리 입력 모듈 다음의 두 번째 슬롯에 장착되어 있다면, 출력단자는 Y20~3F까지가 된다. 다음 그림은 OUTPUT 패널의 결선 방법이다.

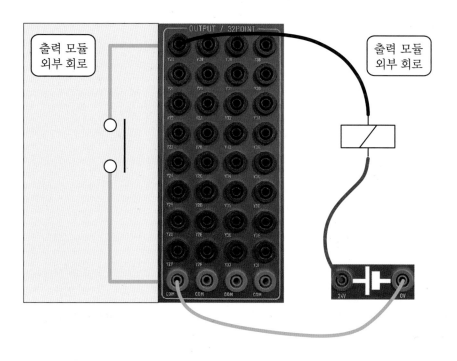

OUTPUT 패널의 결선 방법

출력 모듈 내부 회로의 접점이 ON되면 외부 회로와 함께 전기 회로가 완성되어 전기가 흐르게 된다.

4 자동화 장비의 입출력 장치

PLC 프로그래밍을 연습하기 위한 실습용 자동화 장비는 컨베이어를 중심으로 물품 공급부, 드릴 가공부, 송출부, 물품 판별부, 배출부, 저장부로 구성되어 있어서 순서대로 시퀀스 프로그램을 작성하고 동작을 확인하는 데 많은 도움이 된다.

자동화 장비에는 여러 가지 입출력 장치가 설치되어 있다. 설치된 입출력 장치는 다음 표와 같다.

자동화 장비에 설치된 입출력 장치

입력 장치	푸시버튼 스위치, 토글 스위치, 오토 스위치, 근접 센서, 광센서
출력 장치	솔레노이드 밸브, 파일럿 램프, 릴레이

(1) 입력 장치
① 푸시버튼 스위치는 시퀀스 동작의 시작/정지용으로 사용한다.
② 오토 스위치는 공압 실린더의 전진 상태/후진 상태 검출용으로 사용한다.
③ 근접 센서(유도형 센서, 용량형 센서)는 물품이 금속인지 비금속인지를 판별하는 용도로 사용한다.

(2) 출력 장치
① 솔레노이드 밸브는 공압 실린더를 작동시키는 데 사용한다.
② 파일럿 램프는 타워 램프를 구성한다.
③ 릴레이는 DC 모터의 시동/정지를 제어하는 데 사용한다.

플러스++

공압 실린더는 공기 압력에 의해서 움직이는 액추에이터이므로 실제로 움직이는 것은 공압 실린더이지만 이것을 움직이기 위해 PLC가 제어해야 할 것은 솔레노이드 밸브이다.

4-2   입력 요소 연결 방법

① 푸시버튼 스위치

손으로 버튼을 눌러서 접점을 ON/OFF시키는 장치이다. 푸시버튼은 a접점과 b접점이 하나씩 있는 것과 두 개씩 있는 것도 있지만, a접점만 하나 있는 것도 있다.

(1) "푸시버튼을 누른다"는 말의 의미

PLC 프로그램의 제어 조건에서 "버튼을 누르면 시퀀스 동작이 시작되도록 하시오."라고 하면 버튼을 계속 누르고 있으라는 말인가 아니면 눌렀다가 놓으라는 말인가? 푸시버튼을 누른다는 것은 눌렀다가 자연스럽게 손을 놓으라는 말이다. 누르고 있는 상태를 유지해야 한다는 것이 아님을 알아두자.

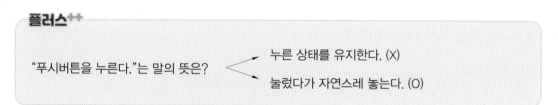

플러스++

"푸시버튼을 누른다."는 말의 뜻은? —— 누른 상태를 유지한다. (X)

눌렀다가 자연스레 놓는다. (O)

(2) 제어 회로에서 COM이란?

제어 회로에 사용되는 모든 부품에는 전선이 두 개씩 연결된다. 전기부품에는 전기가 흘러들어오고 흘러나가야 한다. 그런데 PLC에 배선할 때는 한쪽 전선만 사용한다. PLC의 입출력 접점은 한 점에 전선을 두 개씩 연결하지 않고 하나만 연결한다. 한쪽은 어떻게 된 걸까? PLC의 입출력은 (+) 아니면 (−)로 통일해서 사용하므로, 어느 한쪽은 공통(COMMON)으로 묶어 놓고 다른 한쪽만 사용하여 배선한다.

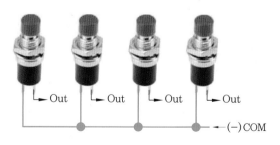

(−)COM이 연결된 푸시버튼 스위치

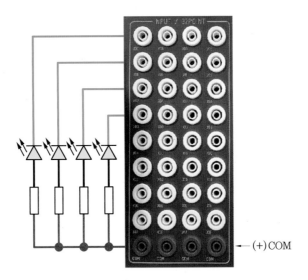

(+)COM이 연결된 PLC 입력 모듈 단자대

(3) 푸시버튼 스위치 연결 방법

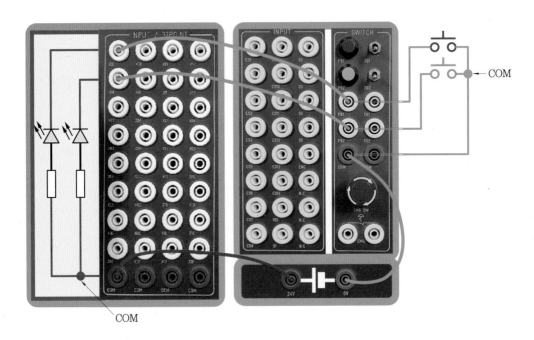

푸시버튼 연결 회로

2 오토 스위치

오토 스위치는 유접점 방식과 무접점 방식이 있는데 주로 사용되는 유접점 방식의 내부에 리드 스위치가 들어 있으므로 오토 스위치를 리드 스위치라고도 하고, 실린더의 전후진 상태를 검출하므로 실린더 센서라고도 한다.

오토 스위치   리드 스위치

공압 실린더의 피스톤에는 링 형태의 마그네틱이 손가락에 끼는 반지처럼 꽂혀 있다. 공압에 의해 실린더 튜브 속의 피스톤이 움직일 때 마그네틱도 함께 움직인다. 마그네틱의 위치를 검출해서 전기적인 신호를 만드는 것을 오토 스위치라고 한다.

오토 스위치를 사용해서 공압 실린더의 전진 상태와 후진 상태를 검출하여 PLC에 입력하여 기계 장치를 자동화할 수 있다.

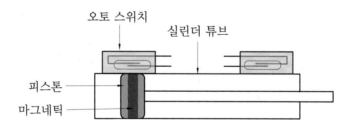

오토 스위치의 피스톤 위치 검출

(1) 유접점 오토 스위치

① 리드(Reed) 스위치라고도 한다. 스프링과 같은 탄성을 가진 두 개의 리드를 상시 열림(N.O) 상태로 만들어서 유리 튜브 속에 넣은 것이다. 마그네틱이 접근하면 두 개의 리드가 서로 붙어서 닫힘 상태가 된다.

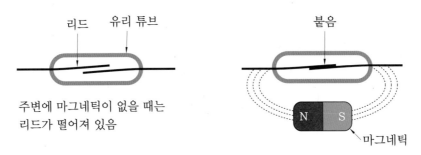

리드 스위치의 동작 원리

② 유접점 오토 스위치의 특징

- 기계적인 접점으로 작동되므로 수명이 대략 1,000만 회 정도이다.
- 무접점과 비교하면 동작 범위는 넓고 감지 거리는 짧다.
- 주변에 자석이 있으면 오작동될 수 있으므로 이럴 때는 동작 범위가 좁은 무접점 오토 스위치를 써야 한다.
- 이때 주의할 점은 부하 저항이 없는 회로에서 리드가 붙어 회로가 단락되면 과전류가 흘러서 눌어붙거나 손상된다. 회로가 단락되지 않도록 반드시 회로에 부하 저항이 있는지 확인한다.

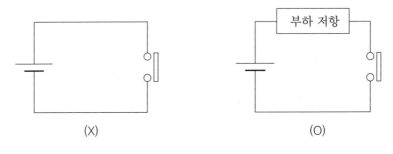

오토 스위치 연결 방법

(2) 무접점 오토 스위치

① MR 소자의 자기 저항 효과(Magneto-Resistive effect)를 이용한 MR 센서가 들어 있다. MR 소자로는 전자 이동도가 큰 단결정 InSb(인듐안티모나이드) 박막을 사용한다. 여기에 흐르는 전류의 방향에 직각으로 자계가 통과하면 저항값이 변한다. 무접점 오토 스위치의 내부는 소자 두 개를 직렬로 연결해서 전압 분배 회로를 구성하여 출력 전압을 얻는 구조로 되어 있다. 무접점 오토 스위치의 외관은 유접점 오토 스위치와 동일하다.

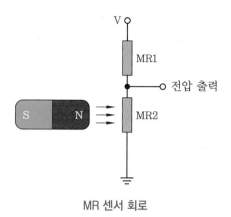

MR 센서 회로

② 무접점 오토 스위치의 특징

- 기계적인 접점이 없어서 수명이 반영구적이다.
- 동작 범위가 좁고, 감지 거리는 길고, 응답 속도가 빠르다는 장점이 있어서 가격이 비싸다.
- 감지 거리가 길어서 마그네틱이 약할 때 유접점보다 잘 검출한다.
- 3선식(NPN형, PNP형), 2선식이 있다.

(3) 오토 스위치 연결 방법

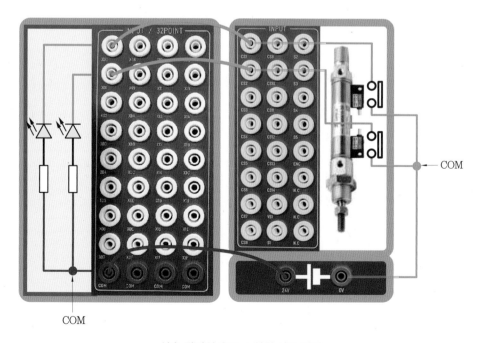

실습 장비의 오토 스위치 신호 입력

3 근접 센서

접촉을 하지 않고 가까이 근접하면 물체를 감지한다는 의미에서 붙여진 이름이다. 기계적인 접촉에 의한 검출 방식이 아닌 무접촉 방식의 센서이다.

(1) 유도형(고주파 발진형) 근접 센서

검출 코일에서 발생하는 고주파 자계 내에 검출 물체(자성 금속)가 접근하면 전자 유도 현상에 의해 물체 표면에 유도 전류(와전류)가 흐르게 되어 검출 물체 내에 에너지 손실이 발생한다. 에너지 손실이 발생하게 되면 검출 코일에서 발생하는 발진 진폭이 감쇠 또는 정지하는데, 발진 진폭의 변화량을 사용하여 검출 물체의 유·무를 판별한다.

(2) 용량형(정전 용량형) 근접 센서

두 물체 사이에 전하가 축적되는 대전 현상을 이용한 센서이다. 대전된 전기는 흐르지 않으므로 정전기(靜電氣)라고도 한다. 정전 용량(Capacitance)이란 대전체가 저장하는 전하의 양을 말한다.

물체가 극판에서 멀어지면 정전 용량이 적어지고, 반대로 극판 쪽으로 접근하면 정전 용량이 커지는데 이 변화량을 사용하여 물체의 유·무를 판별한다.

유도형 근접 센서　　　　　　용량형 근접 센서

(3) 근접 센서의 출력 타입

근접 센서는 2선식과 3선식이 있으며, 2선식에는 N.O(상시 열림), N.C(상시 닫힘) 타입이 있고, 3선식에는 PNP 타입과 NPN 타입이 있다. N.O 타입은 물건이 검출되면 신호가 출력되고, N.C 타입은 평상시에 신호가 출력되다가 물건이 검출되면 신호가 차단된다.

PNP 타입은 물건이 검출되면 (+) 신호가 출력되고, NPN 타입은 물건이 검출되면 (−) 신호가 출력된다.

(4) PLC에 근접 센서 연결 방법

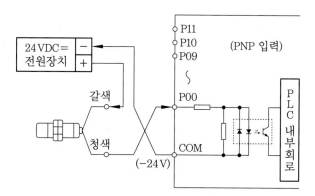

PLC 입력 모듈이 (−)COM인 경우 [2선식]

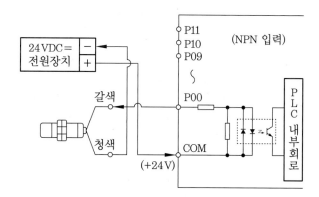

PLC 입력 모듈이 (+)COM인 경우 [2선식]

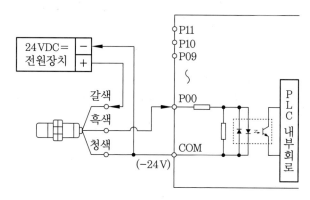

PLC 입력 모듈이 (−)COM인 경우 [3선식]

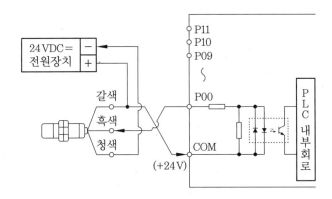

PLC 입력 모듈이 (+)COM인 경우 [3선식]

[출처: www.autonics.com]

(4) 근접 센서 연결 방법

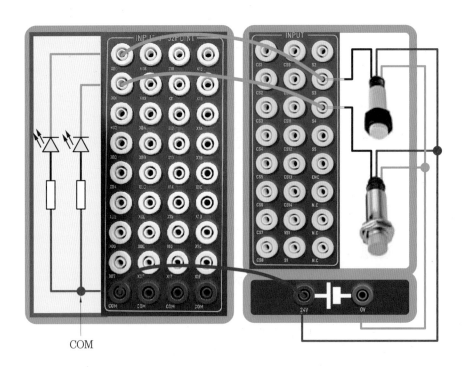

4-3   출력 요소 연결 방법

1 공압 실린더용 밸브

(1) 공압 실린더

솔레노이드 밸브는 공압 실린더를 제어하는 요소이다. 공압 실린더는 자동화 장비를 움직이는 데 가장 많이 사용되는 부품이다. 공기 압력을 이용하기 때문에 전기 노이즈나 과부하 등의 부수적인 문제점을 일으키지 않으므로 기계장치를 제어하는 데 많이 사용된다.

| 핀형 실린더 | 박형 실린더 | 타이로드형 실린더 |

공압 실린더의 종류

공압 실린더의 동작 원리는 다음과 같다. 만약 왼쪽에 압력이 높은 공기를 주입하면 그쪽으로 연결된 공간에 압력이 높게 올라가서 피스톤을 오른쪽으로 밀어준다. 그러면 피스톤 로드가 앞으로 밀려 나가서 공압 실린더가 늘어나는 것이다. 반대쪽 공간에 있던 공기는 뚫려 있는 구멍으로 빠져나간다.

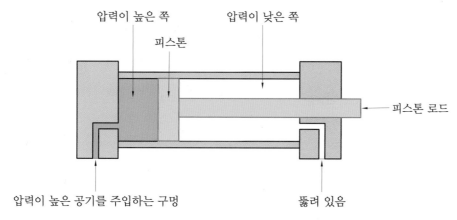

공압 실린더의 동작 원리

공압 실린더의 기호는 다음과 같다. 단순하게 피스톤만 그려서 표시하기도 하고, 충격을 완화해 주는 쿠션과 피스톤의 위치를 실린더 외부에서 검출할 수 있게 해주는 마그네틱까지 표시하기도 한다. 회로도에 피스톤만 표시하는 때도 많이 있으나 쿠션과 마그네틱이 없는 실린더를 사용하라는 의미는 아니고 단지 단순하게 표시하려는 방법이라는 것을 알아두자.

| 피스톤만 표시 | 피스톤+쿠션 표시 | 피스톤+쿠션+마그네틱 표시 |

공압 실린더의 기호

(2) 솔레노이드 밸브

솔레노이드 밸브는 전기 신호를 받아서 공압 실린더를 움직이는 공기의 방향을 제어하는 부품이다. 한 개를 단독으로 사용하기도 하고, 다음 사진처럼 여러 개를 매니폴드 위에 올려서 구성하기도 한다. 매니폴드 형태로 하면 압축 공기의 공급을 한꺼번에 할 수 있어서 배관을 간단히 할 수 있고, 설치 공간을 절약할 수 있다.

매니폴드 형태의 솔레노이드 밸브 [사진 출처: https://kr.misumi-ec.com]

솔레노이드 밸브는 방향 제어 밸브의 공기 토출 방향을 전환하기 위해 소형 솔레노이드 밸브를 이용한다. 소형 솔레노이드 밸브가 한쪽에만 있으면 한쪽 솔레노이드 밸브(Single Solenoid Valve)이고, 양쪽에 있으면 양쪽 솔레노이드 밸브(Double Solenoid Valve)라고 부른다.

플러스++
> 한쪽 솔레노이드 밸브를 "편솔 밸브"라고도 부르고, 양쪽 솔레노이드 밸브를 "양솔 밸브"라고도 부른다.

Single Solenoid Valve   Double Solenoid Valve

한쪽 솔레노이드 밸브와 양쪽 솔레노이드 밸브 [사진 출처: https://ko.aliexpress.com]

솔레노이드 밸브를 조작하는 방법은 두 가지가 있다. 전기를 넣어도 동작하고, 솔레노이드 위에 붙어 있는 작은 버튼을 눌러도 동작한다. 어떤 제품은 일자 드라이버로 돌리면 동작되는 것도 있다.

수동 조작 버튼   전선
(누르거나/돌리기)   (24V/0V 입력)

솔레노이드 밸브의 조작 방법

공압 실린더와 솔레노이드 밸브를 연결하여 회로를 그리면 다음 그림과 같다. 공기압 회로 배선도에는 전기 신호는 포함되지 않는다. 솔레노이드 밸브는 PLC로 조작 가능한 전기 조작 방식의 밸브이므로 이 회로도 어딘가는 전기 신호로 조작되는 솔레노이드가 표시되어 있다. 어느 부분일지 잘 살펴보자.

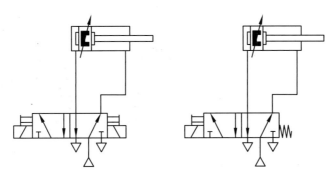

공기압 회로 배선도

다음 그림에서 보듯이 방향 전환 밸브 기호 옆에 수동 조작 버튼 기호와 솔레노이드 기호가 붙어 있다. 간혹 수동 조작 버튼 기호가 없는 것도 있는데, 대부분 솔레노이드 밸브는 작은 버튼에 의해 강제 조작이 가능하므로 버튼 기호가 없다고 수동 조작이 안 되는 밸브가 아니다. 수동 조작 버튼 밑에 솔레노이드 기호를 조금 더 크게 그린다. 솔레노이드 조작이 기본이라는 의미로 버튼보다 조금 크게 그리는 것이다.

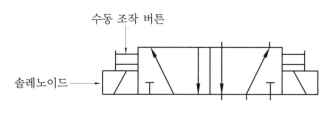

솔레노이드 밸브 기호에 있는 솔레노이드

솔레노이드 기호만 따로 그리면 다음과 같다. 공기압 솔레노이드 밸브에서 사용하는 솔레노이드는 다음 사진과 같은 형태이다.

솔레노이드 기호   사진

PLC 출력 모듈 QY41P의 한 점당 출력 전류는 100mA까지 허용되는데 솔레노이드 밸브의 구동 전류는 30mA~200mA 정도로 매우 다양하다. 솔레노이드에 표기된 사양을 보고 허용 전류를 초과하지는 않는지 확인하고 사용해야 한다.

120mA   120mA   41mA

솔레노이드 밸브의 정격 전류

공압 실린더를 제어하는 솔레노이드 밸브가 다음 그림과 같이 구성되어 있다고 생각하고 OUTPUT 패널에 솔레노이드 밸브를 배선해 보자.

24V 전원을 OUTPUT 패널의 출력 단자에 꽂지 않도록 주의해야 한다. PLC 프로그램 연산으로 Y20에 출력이 나가면 COM으로 들어간 0V가 Y20으로 나가게 되어 Y20에 24V가 연결되어 있다면 정말 큰 사고가 난다. 출력 트랜지스터가 "펑"하고 터지게 된다. 잊지 말자. OUTPUT 패널 속에는 전기 저항이 없으므로 반드시 외부 회로에 전기 저항 역할을 하는 것이 있어야 한다. 여기서는 솔레노이드 코일이 전기 저항 역할을 하게 된다.

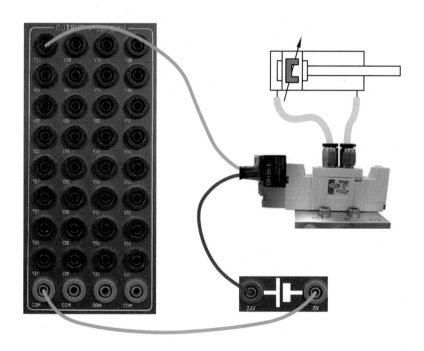

OUTPUT 패널에 솔레노이드 밸브 배선

플러스++

24V는 저항을 지나면서 전압이 점점 떨어져서 0V에 연결되어야 한다. 그러나 24V가 저항을 지나지 않고 곧바로 0V에 연결되면 순식간에 전기가 다 흘러서 과열되며 "펑"하고 터진다. 이런 것을 회로가 "짧아졌다."라고 하여 "짧을 단"자를 써서 단락(短絡)이라고 한다. 영어로는 "단축"이라는 의미로 "short"라고 부른다.

(3) 솔레노이드 밸브 연결

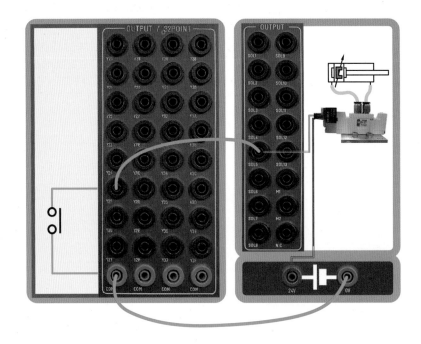

2 컨베이어 모터 구동용 릴레이

(1) 릴레이

컨베이어는 물품을 이동할 때 사용되며, 자동화 장비에서 가장 많이 쓰이는 기본적인 구성품 중의 하나이다. 모터를 돌려서 컨베이어를 작동시켜야 하는데 모터의 용량이 PLC 출력 모듈의 허용 전류를 초과하거나 과부하에 의해 순간적으로 허용 전류를 초과할 우려가 있으므로 릴레이를 통해서 모터에 전기를 공급하는 방식을 택한다.

제어용 릴레이

릴레이 단자대

　PLC 프로그래밍을 할 때는 모터를 제어한다는 생각으로 하면 되겠지만 실제로 PLC에 의해 제어되는 것은 릴레이이다.

　릴레이를 제어할 때는 릴레이 본체를 릴레이 베이스에 꽂아서 사용한다. 릴레이 베이스는 릴레이의 핀에 꼭 맞는 것을 찾아 사용해야 한다. 모양이나 핀 수가 각각 다르므로 꼭 맞지 않으면 사용할 수 없다.

　다음 사진은 14핀 릴레이와 여기에 맞는 릴레이 베이스이다.

릴레이

릴레이 베이스

　릴레이 베이스 측면에 다음과 같은 그림이 인쇄된 것도 있다. ⑬ ⑭는 전원, ⑨ ⑩ ⑪ ⑫는 COM, ⑤ ⑥ ⑦ ⑧은 a접점, ① ② ③ ④는 b접점이라는 의미이다.

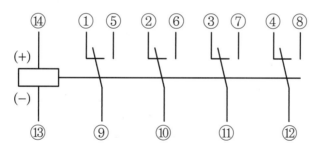

릴레이 베이스 결선도

릴레이 베이스 단자번호

앞에서 설명한 그림을 릴레이 베이스에 매칭시켜 보면 다음과 같이 된다. 릴레이 회로를 결선할 때는 릴레이에 직접 배선하는 것이 아니라 릴레이 베이스에 배선한다. 이것을 잘 기억해 두면 배선할 때 실수 없이 빠르게 할 수 있다.

릴레이 베이스의 단자 배열

그러면 이제 컨베이어 장치가 다음 그림처럼 구성되어 있다고 생각하고 OUTPUT 패널에 릴레이 베이스를 배선해 보자. 릴레이를 통해서 모터에 전기가 공급되도록 하고, PLC의 출력 신호에 의해서 릴레이가 ON/OFF되도록 해야 한다.

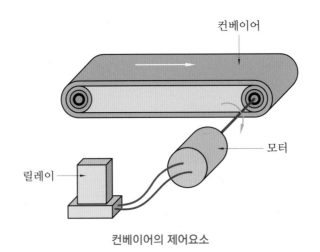

컨베이어의 제어요소

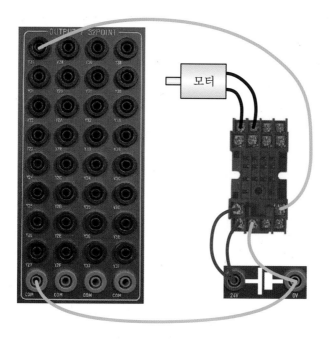

OUTPUT 패널에 릴레이를 통한 모터 배선

(2) 컨베이어 모터 구동용 릴레이 연결 방법

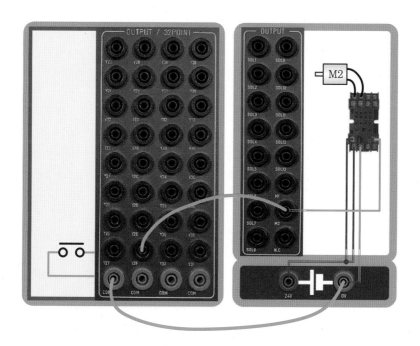

3 타워 램프

타워 램프는 자동화 장비가 동작할 때 현재 상태가 정지되고 있는 상태인지, 정상적으로 작동되고 있는 상태인지, 아니면 오류나 인위적인 입력 신호에 의해 잠깐 멈추거나 주의를 필요로 하는 상태인지를 알려 주기 위해 장비의 상단에 설치하는 파일럿 램프이다.

KS C IEC 60204-1
기계류의 안전성 – 기계의 전기 장비 – 제1부 일반 요구 사항
- 적색 : 위험한 상태
- 황색 : 비정상 상태, 긴급 상태
- 녹색 : 정상 상태
- 파란색 : 조작자의 조치를 요하는 상태
- 흰색 : 기타 상태
- 점멸등 : 주의를 환기시킬 필요가 있을 경우
　　　　 즉각적인 조치가 필요할 경우
　　　　 명령과 실제 상태의 불일치를 나타낼 경우
　　　　 처리 과정 중 변경을 나타낼 경우

4 파일럿 램프

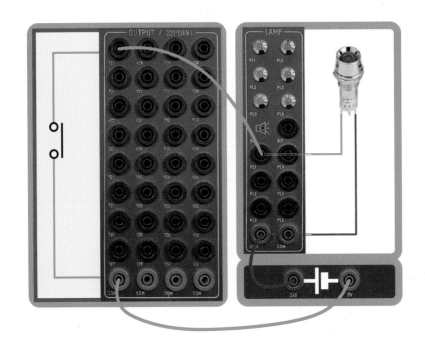

4-4　스테퍼 방식 프로그래밍 연습

1　PB1을 누르면 M1이 ON되면서 자기유지되고, PB2를 누르면 M1이 OFF되게 하시오.

조건

PB1은 a접점, PB2는 b접점 사용

해답

[응용] 해답을 응용하여 M1으로 PLC의 출력접점을 ON시켜 자동화 장비의 컨베이어가 기동/정지하는 프로그램을 작성하고, PLC에 다운로드하여 확인하시오.

해답

② PB1을 누르면 1단계가 시작되고, PB2를 누르면 2단계 신호를 발생하여 프로그램이 초기화 되게 하시오. (단, 1단계가 되기 전에는 PB2를 눌러도 2단계 신호가 발생되지 않게 한다.)

> **조건**
>
> PB1은 a접점, PB2도 a접점 사용

힌트 PB2 a접점과 1단계 자기유지 신호 M1을 직렬연결(AND 조건)

해답

① **초기 상태** : 초기 상태에서는 PB2를 눌러도 M1이 OFF되어 있으므로 유효하지 않다.

```
         X14      M2
 0 ──┤├───────┤/├──────────────────────────(M1)──
      PB1      2단계                              1단계
         M1
       ──┤├──
      1단계
         X15      M1
 4 ──┤├───────┤├───────────────────────────(M2)──
      PB2      1단계                             2단계

 7 ─────────────────────────────────────────[END]──
```

② **PB1을 누른 상태** : PB1을 누르면 다음과 같이 1단계 신호 M1이 ON된다. 두 번째 블록의 M1 a접점도 ON되므로, 이후에 PB2를 누르면 그 신호가 유효하게 되어 2단계 신호 M2가 ON된다. M2가 ON되면 그다음 스캔에서 첫 번째 블록의 M2 b접점이 끊어지므로 프로그램은 초기화된다.

[응용] 1 해답 을 응용하여 M1으로 PLC의 출력접점을 ON시켜 자동화 장비의 가공 실린더가 하강/상승하는 프로그램을 작성하고, PLC에 다운로드하여 확인하시오.

해답

[응용] 2 해답 을 응용하여 M1으로 PLC의 출력접점을 ON시켜 자동화 장비의 가공 실린더가 하강하면서 드릴 모터가 회전하고, 가공 실린더가 상승하면서 드릴 모터가 정지하는 프로그램을 작성하고, PLC에 다운로드하여 확인하시오.

해답

시퀀스 단계에는 변화가 없으므로 출력 부분만 다음과 같이 수정하면 된다.

③ PB1을 누르면 1단계가 켜지고, PB2를 누르면 2단계가 켜지고, TG1을 ON하면 3단계가 켜지면서 곧바로 프로그램이 초기화되도록 하시오.

힌트 앞의 문제에서 단계를 한 번만 더 추가한다.

① 초기 상태

② PB1을 누른 상태

③ PB2를 누른 상태

```
     X14      M3                                              M1
0   ─┤ ├──────┤/├──────────────────────────────────────────《M1 》
     PB1      3단계                                           1단계
     M1
    ─┤ ├──
     1단계
     X15      M1                                              M2
4   ─┤ ├──────┤ ├──────────────────────────────────────────《M2 》
     PB2      1단계                                           2단계
     M2
    ─┤ ├──
     2단계
     X16      M2
8   ─┤ ├──────┤ ├──────────────────────────────────────────（M3 ）
     TG1      2단계                                           3단계

11  ───────────────────────────────────────────────────────[END ]
```

④ TG1을 ON한 상태

```
     X14      M3
0   ─┤ ├──────┤/├──────────────────────────────────────────（M1 ）
     PB1      3단계                                           1단계
     M1
    ─┤ ├──
     1단계
     X15      M1
4   ─┤ ├──────┤ ├──────────────────────────────────────────（M2 ）
     PB2      1단계                                           2단계
     M2
    ─┤ ├──
     2단계
     X16      M2
8   ─┤ ├──────┤ ├──────────────────────────────────────────（M3 ）
     TG1      2단계                                           3단계

11  ───────────────────────────────────────────────────────[END ]
```

플러스++

토글 스위치 TG1은 유지형 스위치이므로 손으로 OFF하지 않으면 ON 상태를 유지한다. 다음 사용을 위해 반드시 OFF해 놓아야 한다.

[응용] 1 해답 을 응용하여 PB1을 누르면(X14) 송출 실린더가 전진하고, 송출 실린더가 송출 완료(X03)한 후, PB1을 다시 누르면(X14) 송출 실린더가 복귀(X04)한다. 초기화되는 프로그램을 작성하고, PLC에 다운로드하여 확인하시오.

힌트 작업자의 버튼 누르는 동작 완료 신호 : X14

송출이 완료되고 작업자의 버튼 누름이 끝나는 신호 : X03 AND X14

송출 실린더 복귀 완료 신호 : X04

해답

시퀀스 제어부

시퀀스 동작 프로그래밍을 할 때는 출력부는 나중에 생각하고, 시퀀스 제어부를 먼저 작성해야 한다. 시퀀스 제어부를 작성할 때는 앞에서 배운 기본 틀을 유지하면서 체크백 신호만 신중하게 선택하면 된다.

다음의 프로그램을 자세히 보면 내부 릴레이 M1부터 M3까지 역할과 사용되는 위치가 앞에서 설명한 예시와 같다는 것을 알 수 있다.

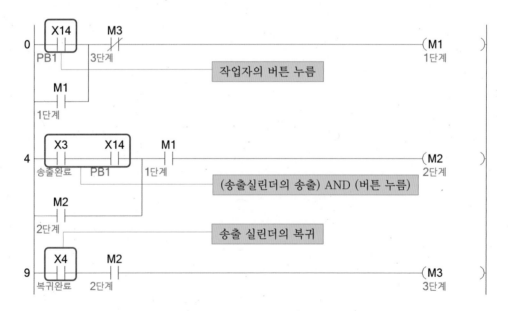

힌트 1단계에서의 동작 : 송출 실린더 송출
2단계에서의 동작 : 송출 실린더 복귀
3단계에서의 동작 : 시퀀스 초기화

해답

출력부 포함

송출 실린더는 더블 솔레이노이드 밸브이므로, 솔레노이드가 양쪽에 있어서 반대쪽 솔레노이드가 켜져 있으면 움직이지 않는다. 다음의 프로그램에서는 M2로 송출 동작을 하는 출력 Y23를 끄면서 동시에 복귀 동작을 하는 출력 Y24를 켰다.

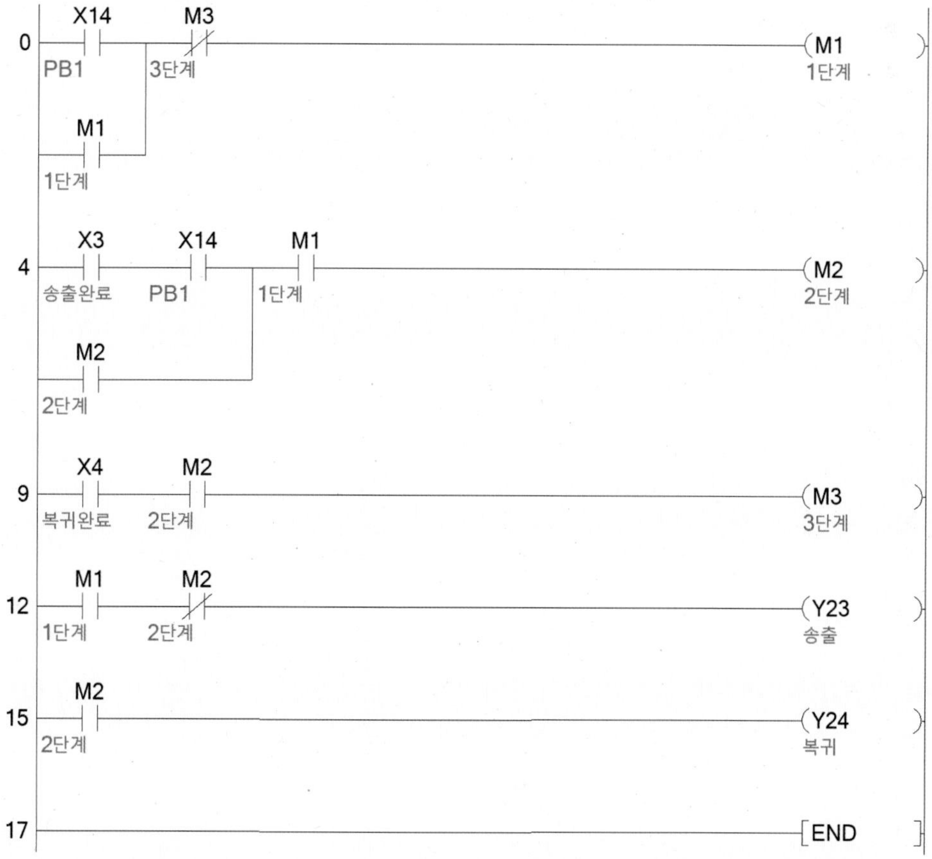

④ PB1을 누르면 1단계가 켜지고, PB2를 누르면 2단계가 켜지고, 다시 PB1을 누르면 3단계가 켜진다. 다시 PB2를 누르면 4단계가 켜지면서 곧바로 프로그램이 초기화되도록 하시오.

조건
PB1은 a접점, PB2도 a접점 사용

힌트 앞의 문제에서 단계를 한 번만 더 추가한다.

해답

```
       X14      M4
  0 ────┤├──────┤/├─────────────────────────────────────(M1    )
        M1
       ──┤├──

       X15      M1
  4 ────┤├──────┤├──────────────────────────────────────(M2    )
        M2
       ──┤├──

       X14      M2
  8 ────┤├──────┤├──────────────────────────────────────(M3    )
        M3
       ──┤├──

       X15      M3
 12 ────┤├──────┤├──────────────────────────────────────(M4    )

 15 ──────────────────────────────────────────────────[END     ]
```

해설 **순차 제어 프로그램의 규칙**

① 첫 번째 블록 : 시퀀스를 시작시키는 입력에 의해서 M1을 ON하고 자기유지시킨다. 자기유지 해제에는 시퀀스의 마지막 단계 번호의 M□ b접점을 사용한다.

② 두 번째 블록 : 시퀀스의 두 번째 단계를 시작시키는 입력에 의해서 M2를 ON하고 자기유지시킨다. M1보다 M2가 먼저 ON되는 것을 막기 위해 M2가 ON되는 조건에 M1을 직렬로 연결한다.

③ 세 번째 블록 : 시퀀스의 세 번째 단계를 시작시키는 입력에 의해서 M3를 ON하고 자기유지시킨다. M2보다 M3가 먼저 ON되는 것을 막기 위해 M3가 ON되는 조건에 M2을 직렬로 연결한다.

④ 마지막 블록 : 시퀀스 프로그램을 리셋시키는 블록이다. 시퀀스의 마지막 입력에 의해서 마지막 단계 번호의 M□ 출력을 ON한다. 이때도 마지막 단계가 이전 단계보다 먼저 ON되는 것을 막기 위해 이전 단계의 M□ a접점을 직렬로 연결한다.

[응용] 1 PB1을 누르면 1단계에서 공급 실린더가 전진하고, 2단계에서 공급 실린더가 후진하고, 3단계에서 송출 실린더가 후진(송출 동작)한다. 4단계에서 송출 실린더가 전진(복귀 동작)하는 프로그램을 작성하고, PLC에 다운로드하여 확인하시오.

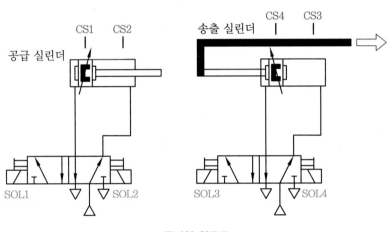

공기압 회로도

[힌트] 제어조건을 글로 서술하면 대단히 복잡하다. 복잡한 제어조건문을 한눈에 볼 수 있게 도표로 만드는 방법이 있다. 그것이 변위-단계 선도(motion-step diagram)이다. 변위-단계 선도는 자동화 장비의 모든 공압 실린더에 대해 어떤 순서로 움직이는지 표시한 것이다.

변위-단계 선도는 공압 실린더의 움직임(motion)에 대한 정보만 있는 것이 아니라 단계별 완료 신호를 표기함으로써 다음 단계를 어떤 신호를 사용해서 시작해야 할지 쉽게 알아볼 수 있게 되어 있다.

다음 그림은 이번 문제에서의 제어조건을 변위-단계 선도로 그려 놓은 것이다.

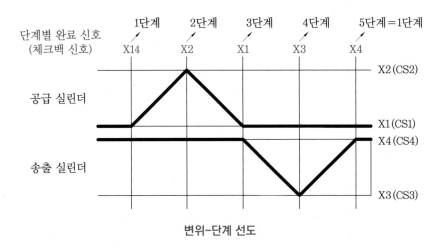

변위-단계 선도

먼저, 체크백 신호 X14, X2, X1, X3, X4를 순서대로 사용하여 시퀀스 제어부를 완성한다. 시퀀스 제어부는 앞에서 배운 규칙을 공식이라 생각하고 그대로 적용한다.

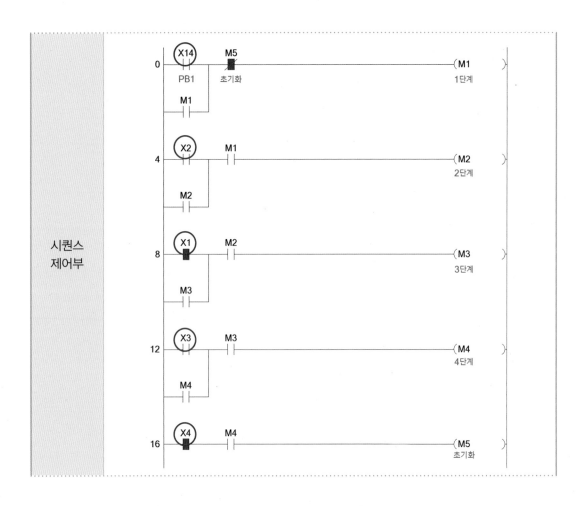

시퀀스 제어부가 완성되면 출력부를 프로그래밍하기 전에 지금까지 작성한 프로그램에 오류가 없는지 확인부터 한다.

시퀀스 제어부의 확인방법은 다음과 같다.
① 자동화 장비에서 공기압 밸브를 차단하고 공기압을 모두 배출하여 손으로도 쉽게 움직일 수 있게 해 놓는다.
② 출력부가 없는 시퀀스 프로그램을 PLC에 다운로드하고 RUN 모드로 전환한다.
③ GX Works2에서 F3을 눌러 모니터링 모드로 전환한다.
④ 정해진 시퀀스 순서대로 각각의 공압 실린더를 손으로 움직이면서 시퀀스가 1단계부터 차례대로 끝까지 진행되는지 확인한다.
⑤ 마지막 단계까지 진행하고 초기화되면 시퀀스 제어부에는 오류가 없다고 확신할 수 있다.

시퀀스 제어부에 오류가 없음을 확인했으면, 다음으로 출력부 프로그램을 작성한다. 각각의 솔레노이드가 몇 번째 단계에서 ON되고 몇 번째 단계에서 OFF되는지를 정확하게 프로그래밍해야 한다.

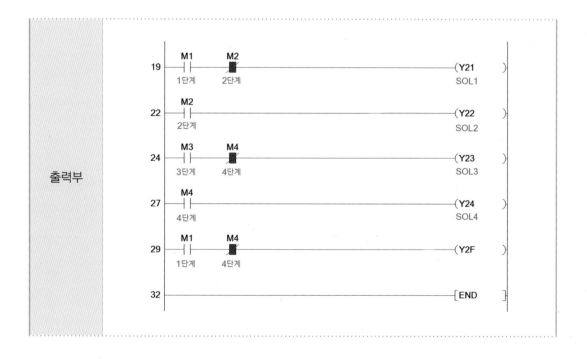

[응용] **2** PB1을 누르면 1단계에서 공급 실린더가 전진하고, 2단계에서 공급 실린더가 후진하고, 3단계에서 가공 실린더가 하강하고, 4단계에서 가공 실린더가 상승하는 프로그램을 작성하고, PLC에 다운로드하여 확인하시오.

힌트 [응용] 1과 유사하지만 공압 실린더가 다른 것으로 변경되었으므로 시퀀스 제어부의 체크백 신호가 변경되어야 하고, 특히 가공 실린더는 양솔 밸브가 아닌 편솔 밸브로 구동되므로 출력부에도 변경 사항이 있다.

(1) 과제를 해결하기 위해 먼저 공기압 회로도와 변위-단계 선도를 그리시오.

해답

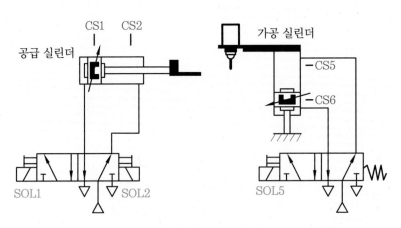

공기압 회로도

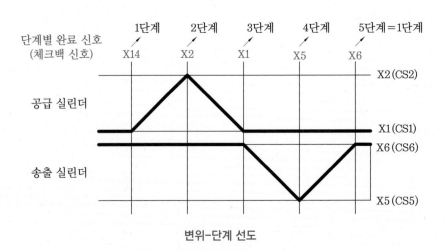

변위-단계 선도

(2) 제어조건에 맞게 시퀀스 제어부를 프로그래밍하시오.

힌트 작업자의 푸시버튼 누름 완료 X14 신호로 1단계 시작

공급 실린더 전진 완료 X2 신호로 2단계 시작

공급 실린더 후진 완료 X1 신호로 3단계 시작

가공 실린더 하강 완료 X5 신호로 4단계 시작

가공 실린더 상승 완료 X6 신호로 5단계(시퀀스 초기화)

해답

(3) 제어조건에 맞게 출력부를 포함하여 프로그램을 완성하시오.

해답

Sequential logic

```
        X14      M5
 0     ─┤├─────┤/├─────────────────────────────(M1 )
        PB1      5단계                                  1단계
        M1
       ─┤├─
        1단계

        X2       M1
14     ─┤├──────┤├─────────────────────────────(M2 )
        CS2      1단계                                  2단계
        M2
       ─┤├─
        2단계

        X1       M2
18     ─┤├──────┤├─────────────────────────────(M3 )
        CS1      2단계                                  3단계
        M3
       ─┤├─
        3단계

        X5       M3
22     ─┤├──────┤├─────────────────────────────(M4 )
        CS5      3단계                                  4단계
        M4
       ─┤├─
        4단계

        X6       M4
26     ─┤├──────┤├─────────────────────────────(M5 )
        CS6      4단계                                  5단계
```

Output for solenoid

```
        M1       M2
29     ─┤├─────┤/├─────────────────────────────(Y21 )
        1단계     2단계                                  SOL1

        M2
44     ─┤├─────────────────────────────────────(Y22 )
        2단계                                          SOL2

        M3       M4
46     ─┤├─────┤/├─────────────────────────────(Y25 )
        3단계     4단계                                  SOL5

49     ─────────────────────────────────────────[END ]
```

1 제어요소의 I/O 할당

제어요소들을 PLC의 입출력 모듈에서 어느 접점에 연결해야 할지를 결정해야 한다. 제어요소가 연결될 접점을 결정하는 일을 I/O 할당이라고 한다.

I/O 할당표

입력(INPUT)			출력(OUTPUT)		
접점	기호	기능	접점	기호	기능
X00	S1	원형 매거진 물품 감지 센서	Y20	BZ	버저
X01	CS1	공급 실린더 후진 감지 센서	Y21	SOL1	공급 실린더 전진
X02	CS2	공급 실린더 전진 감지 센서	Y22	SOL2	공급 실린더 후진
X03	CS3	송출 실린더 송출 감지 센서	Y23	SOL3	송출 실린더 송출
X04	CS4	송출 실린더 복귀 감지 센서	Y24	SOL4	송출 실린더 복귀
X05	CS5	가공 실린더 하강 감지 센서	Y25	SOL5	가공 실린더 하강/상승
X06	CS6	가공 실린더 상승 감지 센서	Y26	SOL6	취출 실린더 전진
X07	CS7	취출 실린더 후진 감시 센서	Y27	SOL7	취출 실린더 후진
X08	CS8	취출 실린더 전진 감지 센서	Y28	SOL8	스토퍼 실린더 하강/상승
X09	CS9	스토퍼 하강 감지 센서	Y29	SOL9	흡착 실린더 전진
X0A	CS10	스토퍼 상승 감지 센서	Y2A	SOL10	흡착 실린더 후진
X0B	CS11	흡착 실린더 후진 감지 센서	Y2B	SOL11	흡착컵 진공 발생
X0C	CS12	흡착 실린더 전진 감지 센서	Y2C	SOL12	저장창고 실린더 전진
X0D	CS13	저장창고 후진 감지 센서	Y2D	SOL13	저장창고 실린더 후진

입력(INPUT)			출력(OUTPUT)		
접점	기호	기능	접점	기호	기능
X0E	CS14	저장창고 전진 감지 센서	Y2E	M1	드릴 가공 모터
X0F	VS1	흡착 압력 센서	Y2F	M2	컨베이어 모터
X10	S2	사각 매거진 물품 감지 센서	Y30	PL1	파일럿 램프 1
X11	S3	용량형 센서	Y31	PL2	파일럿 램프 2
X12	S4	유도형 센서	Y32	PL3	파일럿 램프 3
X13	S5	스토퍼 광센서	Y33	PL4	파일럿 램프 4
X14	PB1	푸시버튼 스위치 1	Y34	PL5	파일럿 램프 5
X15	PB2	푸시버튼 스위치 2	Y35	PL6	파일럿 램프 6
X16	TG1	토글 스위치 1	Y36		
X17	TG2	토글 스위치 2	Y37		
X18	EMG	비상정지 스위치	Y38		
X19	ENC	엔코더 센서	Y39		
X1A			Y3A		
X1B			Y3B		
X1C			Y3C		
X1D			Y3D		
X1E			Y3E		
X1F			Y3F		

2 테스트 동작 변위-단계 선도

　다음의 변위-단계 선도에 따라 프로그래밍하여 자동화 장비에 부착되어 있는 장치들이 프로그램으로 동작할 수 있는지 확인한다.

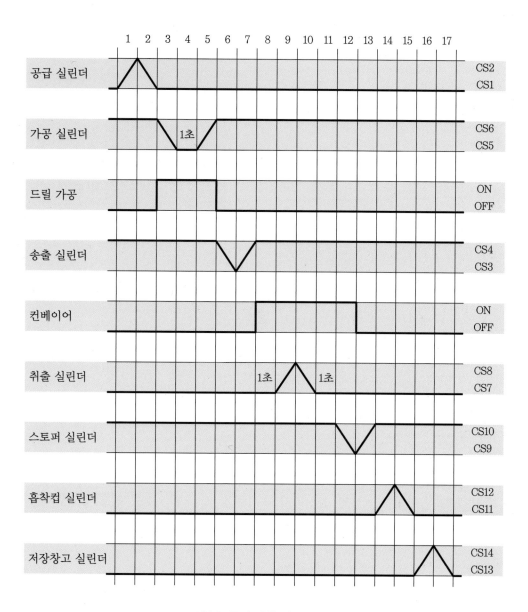

테스트 동작 변위-단계 선도

❸ 테스트 동작 프로그래밍(1단계~7단계)

01 PB1 푸시버튼을 눌러서 1단계부터 7단계까지 한 번 실행되는 프로그램을 작성한다면 첫 래더 블록에는 PB1을 로드하여 M1으로 자기유지하고, M8 b접점으로 자기유지가 끊어지는 프로그램을 작성한다. (7단계까지 하려면 M8로 초기화한다.)

```
       X14      M8
0 ─────┤ ├──────┤/├──────────────────────────────────(M1  )─┤
       PB1      8단계                                      1단계

       M1
   ────┤ ├──
       1단계


4 ─────────────────────────────────────────────────[END ]─┤
```

02 두 번째 래더 블록에는 공급 실린더가 전진했을 때 나오는 CS2 신호의 입력 X2를 로드하여 M2로 자기유지하는 프로그램을 작성한다.

　이때 주의할 사항은 CS2가 PB1을 누르기 전에 ON되어 시퀀스가 작동되는 것을 방지하기 위해서 M2 앞에 반드시 M1 a접점을 넣는다.

```
       X2       M1
4 ─────┤ ├──────┤ ├──────────────────────────────────(M2  )─┤
       CS2      1단계                                      2단계

       M2
   ────┤ ├──
       2단계
```

03 세 번째 래더 블록에는 공급 실린더가 후진했을 때 나오는 CS1 신호의 입력 X1을 로드하여 M3로 자기유지하는 프로그램을 작성한다. 두 번째 래더 블록과 같은 요령으로 M3 앞에 M2를 넣는다.

```
       X1       M2
8 ─────┤ ├──────┤ ├──────────────────────────────────(M3  )─┤
       CS1      2단계                                      3단계

       M3
   ────┤ ├──
       3단계
```

04 네 번째 블록은 4단계를 시작시키는 단계이다. 가공 실린더가 하강 완료한 신호 CS5(X5)를 이용해서 M4를 자기유지한다. 이때도 M4 앞에는 M3 a접점을 넣는다.

```
         X5        M3
12      ─┤ ├───────┤ ├──────────────────────────────────────────(M4)──┤├
        CS5        3단계                                                4단계

         M4
        ─┤ ├──┘
        4단계
```

05 위의 4단계에서는 실린더가 움직인 것이 아니고 시간만 1초 지나간 것이다. 시간이 1초 지나갔을 때 되돌아오는 체크백 신호는 무엇일까? 이럴 때 사용되는 것이 타이머이다. 타이머는 설정된 시간이 지나면 출력 신호가 나오므로, 이 출력 신호를 체크백 신호로 사용하면 된다. 프로그램에서 첫 번째 나온 타이머이므로 T1이라고 하고 스테퍼 방식 래더 블록을 완성한다.

```
         T1        M4
16      ─┤ ├───────┤ ├──────────────────────────────────────────(M5)──┤├
        타이머1     4단계                                               5단계

         M5
        ─┤ ├──┘
        5단계
```

06 6단계를 시작시키는 신호는 가공 실린더 상승 신호 CS6(X6)이다. X6를 체크백 신호로 하여 스테퍼 방식 래더 블록을 완성한다.

```
         X6        M5
20      ─┤ ├───────┤ ├──────────────────────────────────────────(M6)──┤├
        CS6        5단계                                                6단계

         M6
        ─┤ ├──┘
        6단계
```

07 위의 6단계에서 송출 실린더가 송출 동작을 하므로 7단계는 송출 완료 신호 CS3를 체크백 신호로 하여 작성하면 된다.

```
        X3        M6
24  ├──┤ ├──────┤ ├─────────────────────────────(M7  )┤
        CS3      6단계                                  7단계
        M7
     ├──┤ ├──┤
        7단계
```

08 이제 마지막 8단계는 동작을 하는 것이 아니고 초기화를 위한 단계이다. 시퀀스 프로그램이 초기화되지 않으면 시퀀스가 한 번은 정상적으로 작동되지만, 시작버튼 PB1을 또 눌렀을 때 다시 작동되지 않는다. 시퀀스 프로그램이 시작 버튼을 누를 때마다 반복된 동작을 하려면 반드시 초기화가 되어야 한다.

　　7단계에서 동작한 송출 실린더의 복귀가 완료된 신호가 CS4(X4)이므로 이 신호를 이용해서 M8을 ON시켜 첫 래더 블록에 있는 M8 b접점을 끊어 줌으로써 시퀀스를 초기화한다.

```
        X4        M7
28  ├──┤ ├──────┤ ├─────────────────────────────(M8  )┤
        CS4      7단계                                  8단계


31  ├──────────────────────────────────────────[END ]┤
```

09 시퀀스 제어부가 완성되었으면 출력부를 작성한다.

　　공급 실린더를 제어하는 솔레노이드 밸브는 SOL1과 SOL2이다. SOL1은 1단계에서 ON되고 2단계에서 OFF되어야 한다. Y21은 M1으로 ON하고 M2로 OFF한다. Y22는 M2로 ON한다. 이후에 공급 실린더가 다시 전진하게 되어 Y21이 ON되어야 할 일이 있으면 지금 Y22를 OFF시켜 놓는 것이 맞겠지만, 이 과제에서는 그런 일이 발생하지 않고 초기화할 때 모든 M이 OFF되므로 여기서 OFF할 필요는 없다.

```
        M1        M2
31  ├──┤ ├──────┤/├─────────────────────────────(Y21 )┤
        1단계     2단계                                 SOL1
        M2
34  ├──┤ ├───────────────────────────────────────(Y22 )┤
        2단계                                        SOL2
```

10 가공 실린더는 3단계에서 하강하고 5단계에서 상승해야 한다. 그러기 위해서는 Y25를 M3로 ON하고 M5로 OFF하면 된다. M3-a접점, M5-b접점이 필요한 것이다.

```
        M3        M5                                          (Y25
 36  ───┤ ├──────┤/├─────────────────────────────────────────    )
     3단계     5단계                                          SOL5
```

11 가공 실린더가 하강한 이후에 곧바로 상승하는 것이 아니라 4단계에서 1초 동안 시간 지연이 일어나는 것은 어떻게 표현해야 할까? PLC 프로그램에서 시간 지연은 타이머로 해결한다. 스텝 16의 타이머 접점이 바로 이 타이머의 접점 신호이다. 공압 실린더의 동작 완료는 오토 스위치에 의해 검출되지만, 타이머의 완료는 타이머 접점으로 검출된다고 보면 된다.

```
        M4                                                     K10
 39  ───┤ ├───────────────────────────────────────────────────(T1   )
     4단계                                                    타이머1
```

12 드릴 가공 모터는 3단계에서 ON하고 6단계에서 OFF되도록 프로그래밍한다. 드릴 모터에서는 체크백 신호가 나오지 않으므로 드릴 모터의 동작을 감지해서 시퀀스 제어부를 작성하지는 못한다.

```
        M3        M6                                          (Y2E
 44  ───┤ ├──────┤/├─────────────────────────────────────────    )
     3단계     6단계                                         드릴모터
```

13 송출 실린더는 6단계에서 송출 동작을 하고 7단계에서 복귀한다. 여기가 마지막이다.

```
        M6        M7                                          (Y23
 47  ───┤ ├──────┤/├─────────────────────────────────────────    )
     6단계     7단계                                          SOL3

        M7                                                    (Y24
 50  ───┤ ├───────────────────────────────────────────────────   )
     7단계                                                    SOL4


 52  ──────────────────────────────────────────────────────[END  ]
```

4-5   부가 조건 프로그래밍 연습

🔳 연속 동작

PLC 제어조건 중에는 단속/연속이라는 말이 있다. 단속 동작이란 시작 버튼을 누르면 한 사이클만 실행되는 것이다. 즉, 1단계부터 마지막 단계까지 한 번만 실행된다는 말이다. 연속 동작이란 시작 버튼을 누르면 정지시킬 때까지 계속 실행되는 것이다. 이때 정지시키는 방법은 정지 버튼일 수도 있고 센서일 수도 있고 타이머나 카운터일 수도 있다. 다음과 같은 시퀀스 프로그램을 연속 동작시키려면 어떻게 해야 할까?

```
         X14        M3
0 ──────┤ ├───────┤/├──────────────────────────────────( M1 )
         PB1       초기화                                    1단계
         M1
        ──┤ ├──
         1단계

         T1         M1
4 ──────┤ ├───────┤ ├──────────────────────────────────( M2 )
        타이머1     1단계                                   2단계
         M2
        ──┤ ├──
         2단계

         T2         M2
8 ──────┤ ├───────┤ ├──────────────────────────────────( M3 )
        타이머2     2단계                                   초기화

         M1                                               K20
11 ─────┤ ├────────────────────────────────────────────( T1 )
         1단계                                            타이머1

         M2                                               K20
16 ─────┤ ├────────────────────────────────────────────( T2 )
         2단계                                            타이머2

         M1         M2
21 ─────┤ ├───────┤/├──────────────────────────────────( Y25 )
         1단계      2단계                                  가공드릴

24 ──────────────────────────────────────────────────────[ END ]
```

01 PB1 스위치로 연속 동작을 위한 자기유지 부분을 만들어서 해결한다. PB2 스위치로
   연속 동작을 종료시킨다.

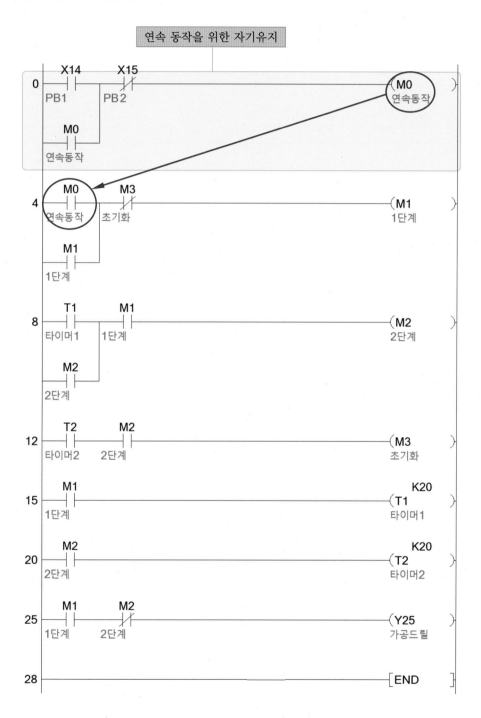

02 다음 프로그램은 연속 동작을 카운터로 정지시키는 방법이다.

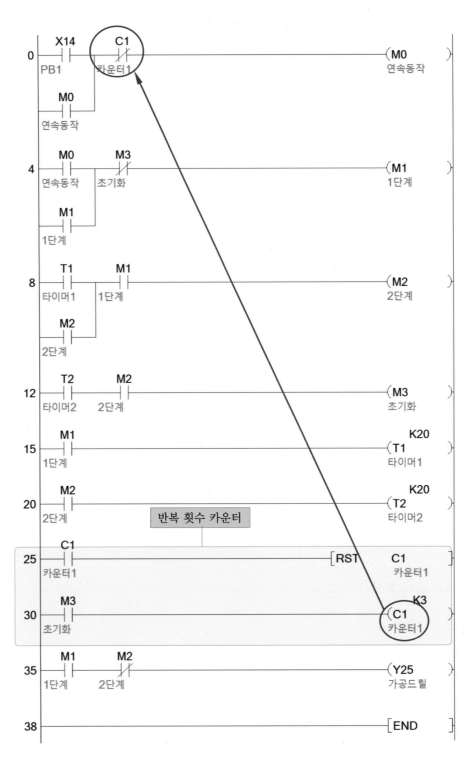

2 비상정지

비상정지 프로그래밍을 실습하기 위해 먼저 다음과 같이 PB1을 누르면 가공 실린더가 하강/상승하는 프로그램을 작성한다.

```
        X14        M3
0 ──────┤ ├───────┤/├─────────────────────────────(M1 )
        PB1        초기화                               1단계
        M1
     ───┤ ├───
        1단계

        X5         M1
4 ──────┤ ├───────┤ ├──────────────────────────────(M2 )
        하강검출    1단계                               2단계
        M2
     ───┤ ├───
        2단계

        X6         M2
8 ──────┤ ├───────┤ ├──────────────────────────────(M3 )
        상승검출    2단계                               초기화
        M3
     ───┤ ├───
        초기화

        M1         M2
12 ─────┤ ├───────┤/├──────────────────────────────(Y25 )
        1단계       2단계                              가공드릴

15 ───────────────────────────────────────────────[END ]
```

01 위와 같이 작성한 다음 커서를 X14에 놓는다. 커서의 색깔을 보면 파란색으로 되어 있다. 파란색 커서는 "수정"을 의미한다.

```
        X14        M3
0 ──────┤ ├───────┤/├─────────────────────────────(M1 )
        PB1        초기화                               1단계
        M1
     ───┤ ├───
        1단계
```

02 키보드의 Insert 버튼을 눌러 커서의 색깔을 보라색으로 바꾼다. 보라색 커서는 "삽입"
을 의미한다. 커서를 이렇게 해 놓고 X18을 삽입한다.

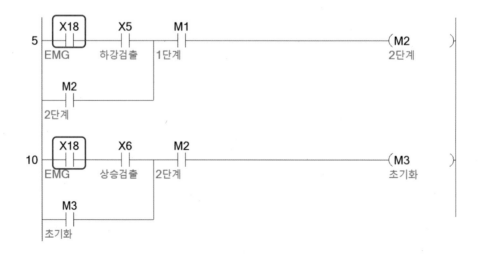

03 비상정지 스위치 EMG는 기계적으로는 b접점 스위치를 사용하고 있으므로 평상시에는
EMG 신호가 켜져 있다가 누르면 꺼진다. 신호가 꺼졌을 때 프로그램 내에서 차단되는
접점을 넣어야 하므로 a접점으로 X18을 넣는다. 이렇게 하면 이 접점은 비상정지 스위
치를 눌렀을 때 연결되는 것이 아니라 거꾸로 차단된다.

04 다음처럼 비상정지 스위치 EMG를 다른 센서 앞에도 넣어서 검출 센서에 의한 시퀀스
의 흐름을 중단시킨다.

05 작성된 프로그램을 시뮬레이션하면 다음처럼 X18-b접점이 처음에는 연결된 상태로 시작된다. X14에 의해서 시퀀스가 시작되는데, 진행 중에 X18을 눌러서 차단하면 더 이상 입력이 들어와도 X18과 AND 조건으로 묶여있는 PB1 스위치, 하강검출 센서, 상승검출 센서는 유효하지 않게 되어 시퀀스는 진행되지 않는다.

X18을 해제해서 다시 연결시키면 X18은 없는 것이나 다름없으므로 시퀀스는 정상적으로 진행된다.

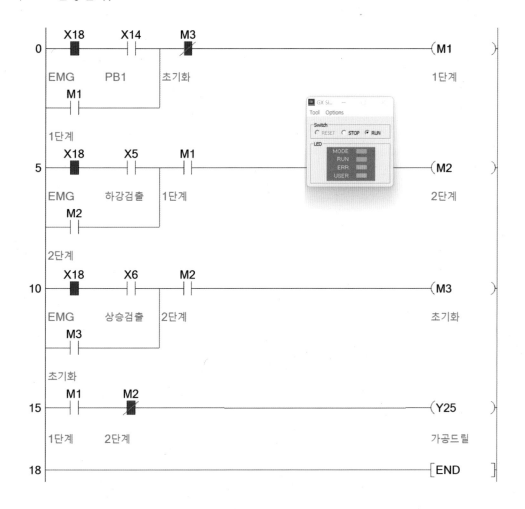

위의 프로그램을 간단히 하기 위해 MC 명령으로 공통접점을 만들어도 같은 경우가 되지 않을까? 안 된다.

06 다음과 같은 MC 명령을 사용한 프로그램을 만들면 X18을 누르는 순간 자기유지가 모두 끊어진다. 왜 그럴까? MC 명령에 의한 공통접점은 센서 입력부 X14, X5, X6에만 연결되는 것이 아니라 자기유지를 위한 M1, M2, M3에도 연결되기 때문이다. X18을 누르는 순간 자기유지되어 있던 M1이나 M2, M3가 X18의 차단에 의해서 모두 끊어지는 것이다.

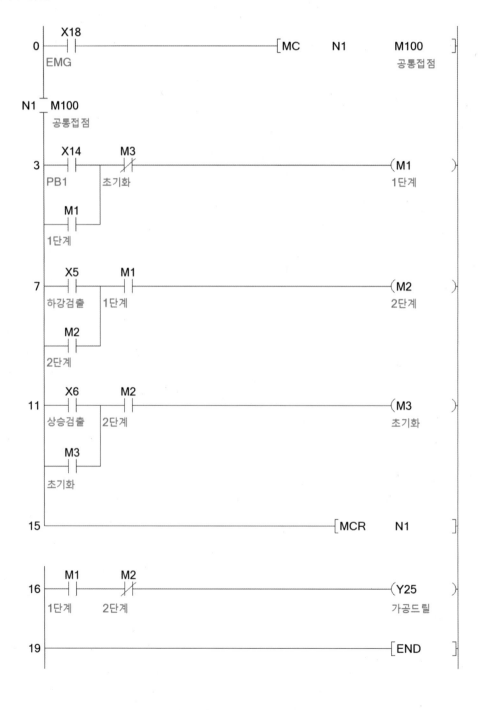

07 X18로 켜지는 MC 명령을 사용해서 프로그램을 작성한다는 것을 접점 명령을 사용해서 다시 작성한다면 다음과 같이 모든 접점에 X18이 붙는 것과 같기 때문이다.

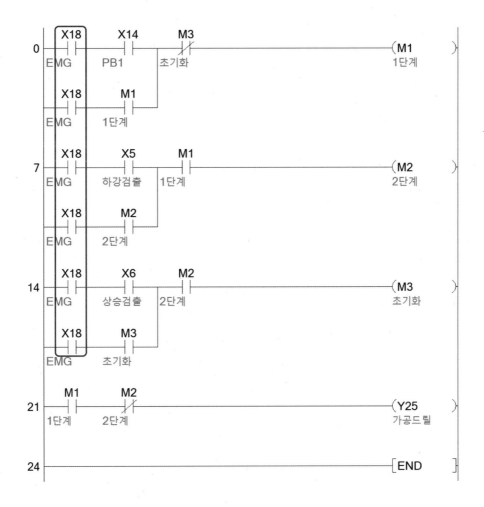

비상정지를 위해서 비상정지 접점을 삽입해야 하는 위치는 시퀀스 제어부의 센서 입력 부분, 즉 X14, X5, X6과 같은 체크백 신호 부분에만 연결해야 한다.

08 비상정지시킬 때 타이머를 일시 정지해야 할 때는 어떻게 할까? 보통의 타이머는 코일
이 꺼지면 경과 시간이 0으로 리셋되는데, 적산 타이머는 코일이 꺼지면 경과 시간이
그 상태에서 멈춰 있다가 코일이 다시 켜지면 이어서 증가한다. 타이머를 일시 정지시
킬 때는 적산 타이머를 사용한다.

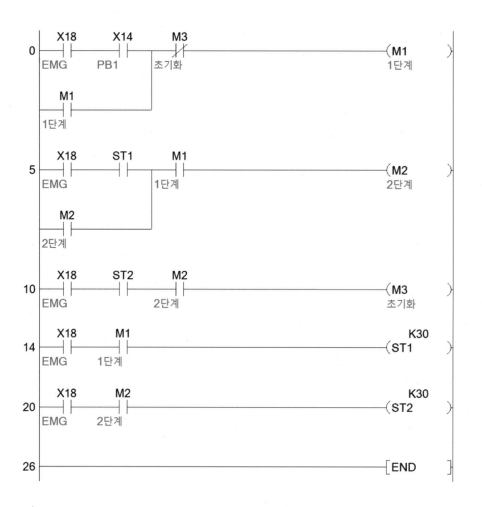

POINT

적산 타이머를 사용할 때는 Navigation의 PLC Parameter에서 Device 항목을 열어 다음과 같이
Timer와 Retentive Timer의 크기를 1K씩 나눈다.

Timer	T	10	1K
Retentive Timer	ST	10	1K

09 비상정지는 조건부 점프 명령을 이용해서 해결할 수도 있다. 다음과 같이 조건부 점프를 하면 CJ 명령에 의해서 P1 포인트로 연산 순서가 넘어가므로 스텝 3부터 스텝 14까지는 연산을 하지 않는다. 그러면 M1~M3까지의 값이 변경되지 않으므로 시퀀스 제어부의 영향을 받지 않게 되어 시퀀스가 멈추게 된다.

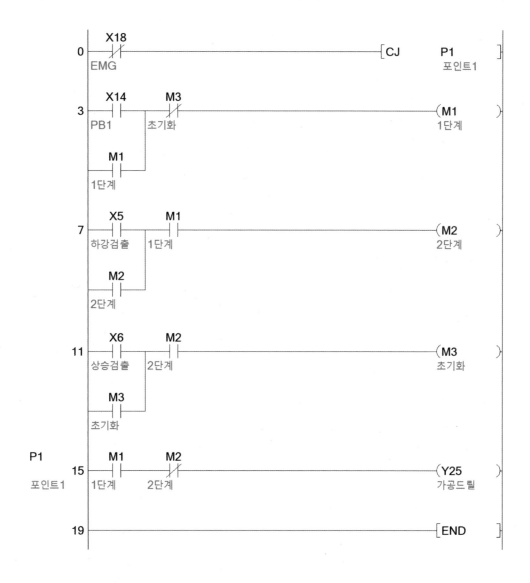

플러스++

- MC 명령 : 모든 접점 맨 앞에 공통접점을 붙여서 연산을 한다.
- CJ 명령 : 연산을 건너뛰므로 연산 결과가 변경되지 않는다.

10 비상정지를 해제할 때 특별한 동작을 해야 할 때가 있다. 예를 들어서 비상정지를 해제할 때 공급 실린더 후진, 송출 실린더 복귀, 취출 실린더 후진을 해야 한다면 다음과 같은 프로그램을 비상정지 프로그램 밑에 붙여넣으면 된다. 비상정지 스위치를 해제하는 순간에만 작동해야 하므로 그냥 비상정지 스위치 상승 상태만 가지고 프로그램 해서는 안 된다.

먼저 비상정지 스위치가 상승하는 순간에만 작동하도록 상승 펄스에 의해 M100을 자기유지시킨다. 이때 상승 펄스 입력은 Rising Pulse ─┤↑├─를 사용해도 되지만 접점 모니터링에 불편한 점이 있으므로 Operation Result Rising Pulse ─↑─를 사용하는 것이 좋다.

자기유지는 1초 후에 자동으로 꺼지도록 타이머 T1을 1초로 설정하고 자기유지를 차단하도록 b접점으로 삽입한다.

마지막으로 EMG 상승 펄스에 의한 M100를 사용해서 Y22, Y24, Y27을 1초 동안 ON해서 공급 실린더 후진, 송출 실린더 복귀, 취출 실린더 후진을 수행하고 시퀀스 초기화 신호까지 발생하면 비상정지 후 초기화까지 완료된다.

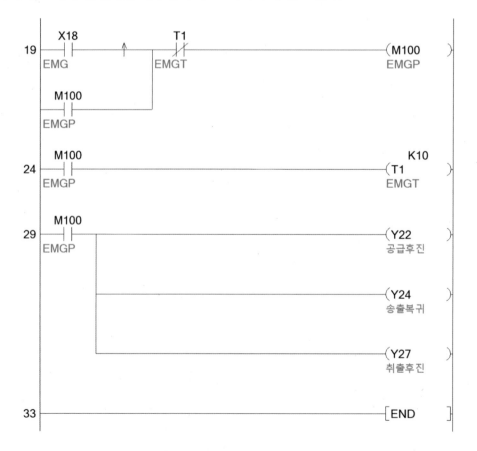

11　다음의 프로그램은 조건부 점프 CJ 명령을 사용해서 타이머 출력을 건너뛰었을 때 타이머의 경과 시간이 정지해 있다가 CJ 명령을 끄면 경과 시간을 이어서 계속되는 것을 확인할 수 있는 프로그램이다. 연산을 수행하지 않으면 타이머의 경과 시간은 유지된다.

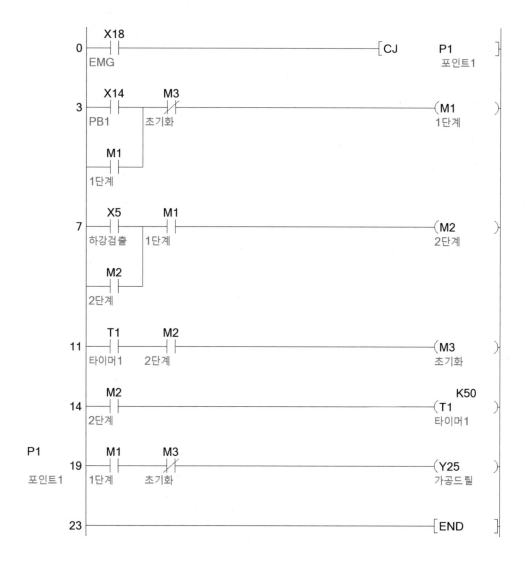

4-6   자동화 장비 배선도

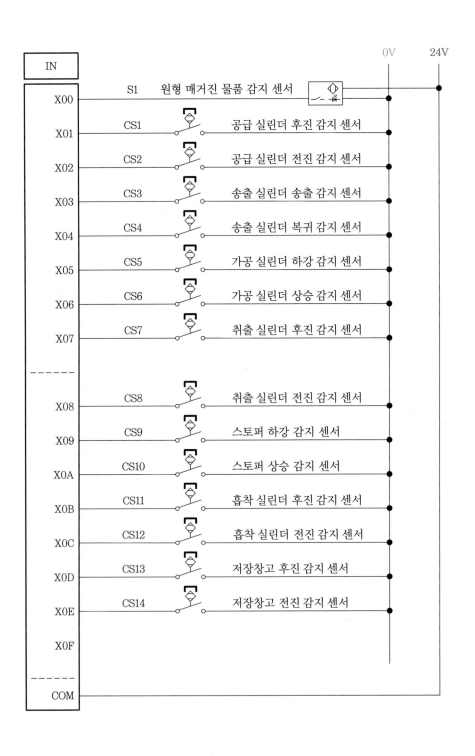

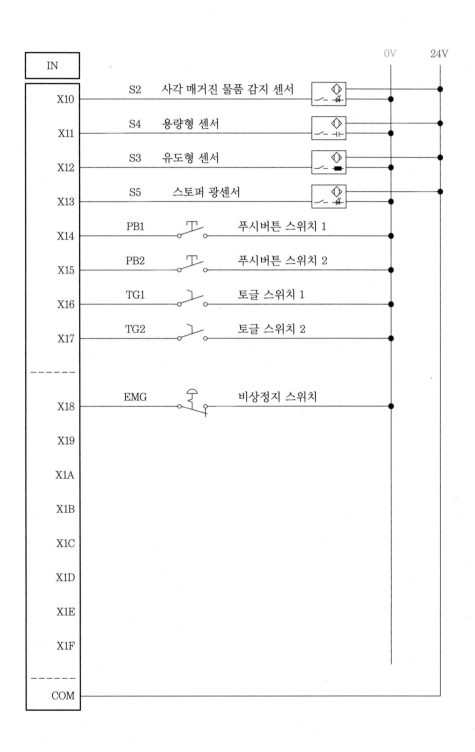

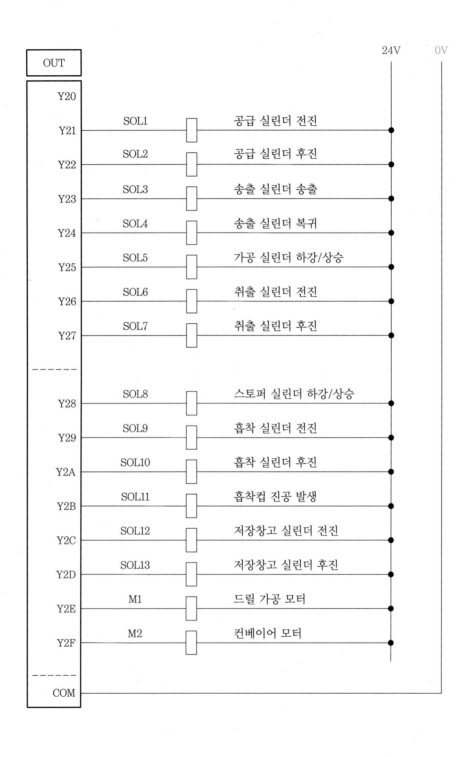

OUT			24V	0V
Y20				
Y21	SOL1	공급 실린더 전진		
Y22	SOL2	공급 실린더 후진		
Y23	SOL3	송출 실린더 송출		
Y24	SOL4	송출 실린더 복귀		
Y25	SOL5	가공 실린더 하강/상승		
Y26	SOL6	취출 실린더 전진		
Y27	SOL7	취출 실린더 후진		
Y28	SOL8	스토퍼 실린더 하강/상승		
Y29	SOL9	흡착 실린더 전진		
Y2A	SOL10	흡착 실린더 후진		
Y2B	SOL11	흡착컵 진공 발생		
Y2C	SOL12	저장창고 실린더 전진		
Y2D	SOL13	저장창고 실린더 후진		
Y2E	M1	드릴 가공 모터		
Y2F	M2	컨베이어 모터		
COM				

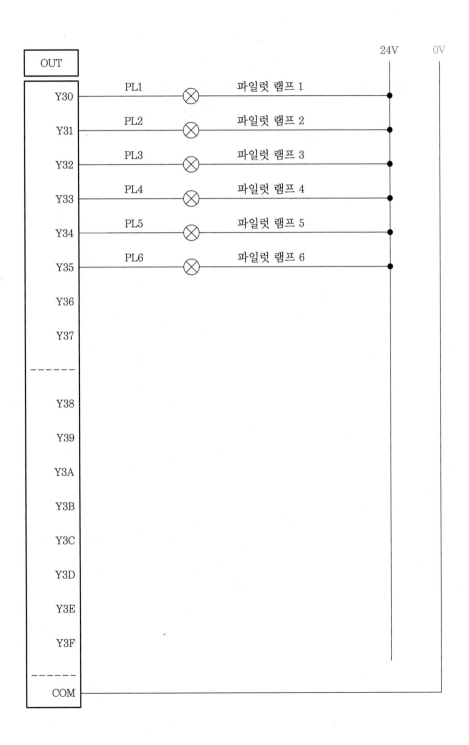

4-7   제조설비 프로그래밍 예시

다음 그림과 같은 공작물 가공 및 분류 설비의 시퀀스 프로그램을 작성하려고 한다. 이 설비에는 공급 실린더, 송출 실린더, 가공 실린더, 배출 실린더가 설치되어 있고, 컨베이어 위에서 이송되는 물품의 재질을 판별하기 위한 유도형 센서와 용량형 센서도 설치되어 있다.

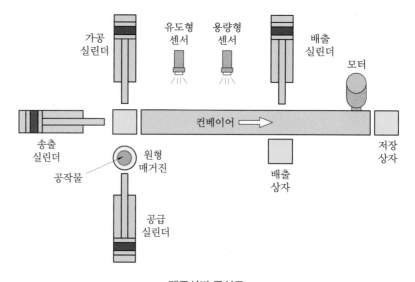

제조설비 구성도

위 그림에서 가공 실린더에 의해 리벳 공구가 하강, 상승한다고 가정하고, 리벳 공구의 회전 모터는 가공 실린더의 동작과 맞물려 정확한 시점에서 동작되어야 한다. 다음 사진과 같은 장비는 리베팅 머신을 공압 실린더를 사용하여 자동화한 것이다.

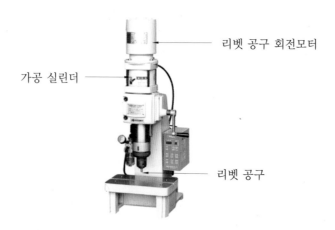

리베팅 머신 [사진 출처 : ㈜동진기계 http://djmc.co.kr/]

프로그래밍하기 전에 먼저 설비의 제어요소들에 대해서 동작을 정의하고, 순서대로 나열하여 논리적으로 이상이 없는지 확인해야 한다. 다음 플로 차트(flowchart)는 앞에서 설명한 제조설비의 동작을 순서대로 연결한 것이다.

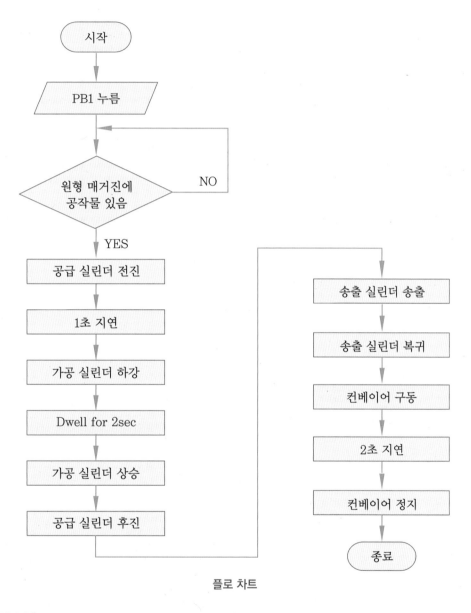

플로 차트

플러스⁺⁺

리벳 가공 방법

① 가공실리더가 하강할 때 리벳 가공 모터를 회전시키고 상승을 완료하면 정지시킨다.

② Dwell time은 리벳 가공의 마무리를 완벽하게 하기 위한 지연시간이다.

1 단속 동작

PB1을 눌렀을 때 플로 차트에 따라 한 사이클 작동되고 초기화하는 프로그램을 작성한다. 공작물이 없을 때는 PB1을 눌러도 동작하지 않아야 하므로 원형 매거진에 공작물이 있는지 확인하는 센서를 사용해야 한다. 원형 매거진의 공작물 검출 센서가 꺼져 있는 동안에는 PB1을 눌러도 작동이 되지 않게 하려면 두 가지 신호를 AND 조건으로 연결하여 프로그래밍해야 한다. 래더 다이어그램에서는 AND 조건을 직렬연결 형태로 표현한다. 기본 동작을 프로그래밍하면 다음과 같다.

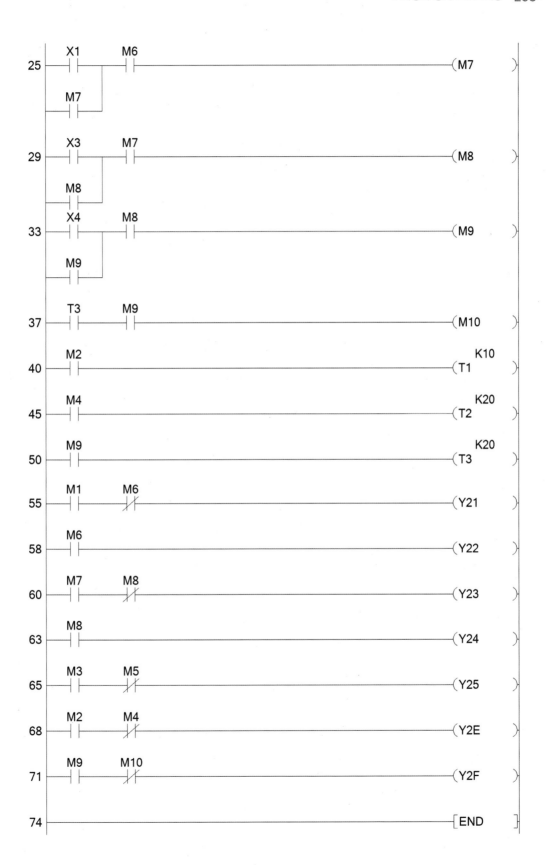

2 연속 동작

다음은 매거진에 공작물이 남아 있으면 하나씩 밀어내며 연속 작업을 계속하다가 공작물이 모두 소진되면 정지하는 프로그램을 작성한다. 매거진(magazine)이란 통 안에 공작물을 쌓아 놓고 순서대로 밀어내면서 제조설비에 공급하는 장치이다. 총의 탄창을 영어로 매거진(magazine)이라고 하며, 총은 총알을 매거진에 가득 채워놓고 순서대로 밀어내면서 발사한다. 제조설비에서도 같은 의미로 사용되는 단어이다. 다음 사진은 PCB 장비에 연결되는 매거진 로더(magazine loader)이다.

매거진 로더 [사진 출처: https://www.manncorp.com/]

중력 매거진은 매거진에서 공작물 한 개가 밀려 나가면 자동으로 중력에 의해 그다음 공작물이 밑으로 밀려 내려온다. 공작물이 있음은 센서로 검출한다.

플러스⁺⁺

맨 밑에 있는 공작물을 밀어내면 그 위의 공작물이 바닥에 떨어질 때까지 시간이 걸리므로 잠시 센서가 OFF되는데, 이 신호를 공작물이 모두 소진되었음을 판단하는 신호로 사용되면 안 된다. 그래서 "OFF 지연 타이머"를 사용하여 1초 이상 계속 꺼져 있어야 OFF 신호가 발생하도록 프로그래밍한다.

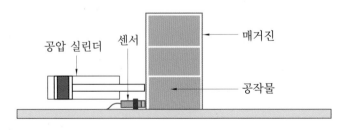

매거진 로더의 구조

미쓰비시 MELSEC PLC에서는 OFF 지연 타이머를 구현하는 쉬운 방법이 있다. STMR 명령어를 사용하는 것이다. 스페셜 타이머 명령이라고 생각하면 된다.

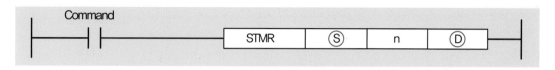

STMR 명령어

여기서, S : 타이머 번호 (예 T0)

      n : 시간 설정 (예 K10)

      D+0 : Off delay timer output (예 M100)

      D+1 : One shot timer output after OFF (예 M101)

      D+2 : One shot timer output after ON (예 M102)

      D+3 : ON delay and Off delay timer output (예 M103)

다음 프로그램에서 센서(X0)는 매거진 속의 공작물이 검출되면 ON된다. M100은 OFF 지연 타이머이므로 X0가 ON되면 곧바로 ON되지만, OFF될 때는 프로그램에서 설정한 1초 후에 OFF된다. M100이 ON되어 있는 동안만 연속 동작 시작 버튼 신호(X14)가 유효하다. M0가 ON되어 있는 동안은 단속 동작 시작 버튼을 계속 누르고 있는 것과 같으므로 연속 동작이 유지된다.

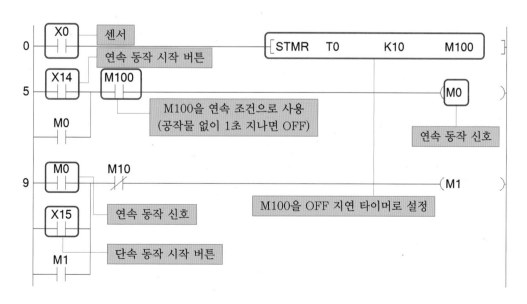

```
        X2      M1
14     ─┤├──┬──┤├─────────────────────────────(M2)
        M2   │
       ─┤├───┘

        T1      M2
18     ─┤├──┬──┤├─────────────────────────────(M3)
        M3   │
       ─┤├───┘

        X5      M3
22     ─┤├──┬──┤├─────────────────────────────(M4)
        M4   │
       ─┤├───┘

        T2      M4
26     ─┤├──┬──┤├─────────────────────────────(M5)
        M5   │
       ─┤├───┘

        X1      M5
30     ─┤├──┬──┤├─────────────────────────────(M6)
        M6   │
       ─┤├───┘

        X6      M6
34     ─┤├──┬──┤├─────────────────────────────(M7)
        M7   │
       ─┤├───┘

        X3      M7
38     ─┤├──┬──┤├─────────────────────────────(M8)
        M8   │
       ─┤├───┘

        X4      M8
42     ─┤├──┬──┤├─────────────────────────────(M9)
        M9   │
       ─┤├───┘

        T3      M9
46     ─┤├─────┤├─────────────────────────────(M10)
```

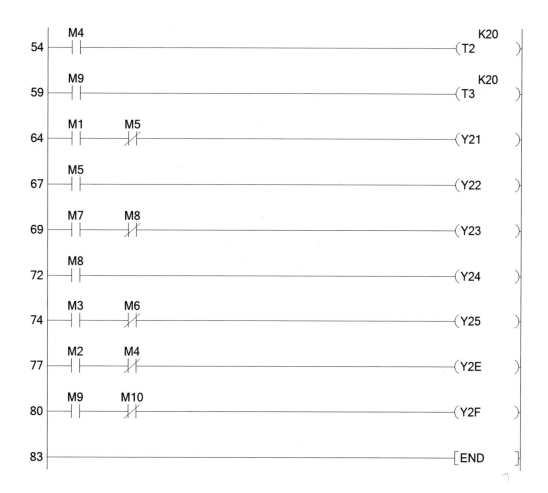

POINT

[STMR T0 K10 M100] 주의사항

STMR 명령을 위와 같이 사용할 때 M101~M103은 프로그램에서 다른 용도로 다시 사용되어서는 절대로 안 된다. STMR 명령어에 M100이 들어가면 이 STMR 명령은 우리가 시키지 않아도 M100뿐만이 아니라 M101, M102, M103까지 조작하므로 프로그램에서 M101~M103을 임의로 변경하려고 하면 안 된다.

3 재질 분류

금속 재질과 플라스틱 재질을 분류하는 프로그램을 작성하려고 한다.

> **제어 조건**
>
> 금속 공작물이 검출되면 배출 실린더에 의해 배출하고, 플라스틱 공작물은 컨베이어 끝에 있는 저장 상자에 저장하기로 한다.
>   ① 금속 공작물 → 배출
>   ② 플라스틱 공작물 → 저장

컨베이어 위에서 유도형 센서가 앞쪽에, 용량형 센서가 뒤에 있다.

유도형 센서는 금속만 검출하고, 용량형 센서는 금속과 플라스틱을 모두 검출하므로, 유도형 센서로 먼저 금속 공작물이 검출되면 "금속" 재질로 판별하고, "금속" 재질로 판별된 후에는 용량형 센서(X11) 앞에 "금속" M200-b접점을 AND 조건으로 붙여 "플라스틱" 판별로 변경되지 않도록 한다.

유도형 센서에는 검출이 안 되고, 용량형 센서에만 검출이 되면 "플라스틱" 재질로 판별한다.

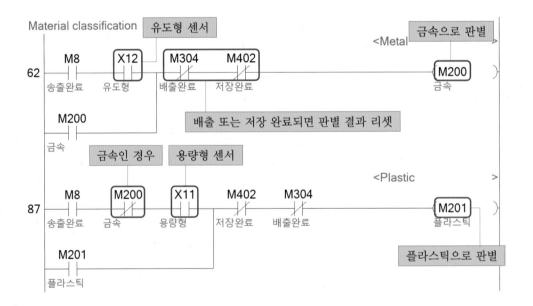

앞의 프로그램으로 재질이 판별되었으므로 금속 재질로 판별된 공작물은 배출공정으로 처리하고, 플라스틱 재질로 판별된 공작물은 저장공정으로 처리하도록 하는 프로그램을 작성하려고 한다. 여기에 추가하여 스위치(X16) 조작으로 배출공정과 저장공정을 바꿀 수도 있게 하려고 한다. 스위치를 조작할 때마다 교번되도록 하려면 FF 명령을 사용한다. 다음 프로그램에서 Process 1은 배출공정이고, Process 2는 저장공정이다. M500에 의해 금속 공작물일 때와 플라스틱 공작물일 때 선택적으로 동작된다.

Process 2

```
      M500    M201    M402
141   ─┤/├────┤ ├────┤/├──────────────────────( M401 )
              플라스틱  저장완료

      M500    M200
      ─┤ ├────┤ ├──┐
              금속    │
                     │
      M401           │
      ─┤ ├───────────┘


      T5      M401
156   ─┤ ├────┤ ├──────────────────────────────( M402 )
                                                 저장완료
```

4 비상정지

비상정지 스위치(X18)를 누를 때(하강 펄스) PL3이 점멸하고, 해제할 때(상승 펄스) 소등하는 프로그램은 다음과 같이 작성한다.

비상정지 스위치

[그림 출처: https://kr.misumi-ec.com/]

```
      X18          ↓       M601
214   ─┤ ├─────────────────┤/├─────────────────( M600 )

      M600
      ─┤ ├──┐
            │

      M600    SM412
219   ─┤ ├────┤ ├──────────────────────────────( Y32 )
              1 second

      X18          ↑
222   ─┤ ├───────────────────────────────────────( M601 )
```

비상정지 스위치는 전선이 b접점으로 연결되어 있으므로 누르지 않았을 때는 ON 상태로 있다가 스위치를 누르면 OFF 상태가 된다. 비상정지 스위치의 "상태"에 따라 수행되는 것이 아니라 누르는 "동작"에 따라 수행되도록 하려면 펄스 명령을 사용한다. 앞의 프로그램은 X18의 하강 펄스로 M600이 자기유지되고 1초 클록의 특수 릴레이 SM412에 의해 점멸하도록 하였다.

5 부가 조건이 포함된 프로그램

프로그램 전체를 나열하면 다음과 같다. 여기서, 각 체크백 신호 앞의 X18-a접점은 비상정지 스위치를 눌렀을 때 시스템이 일시 정지하기 위해 사용되었다.

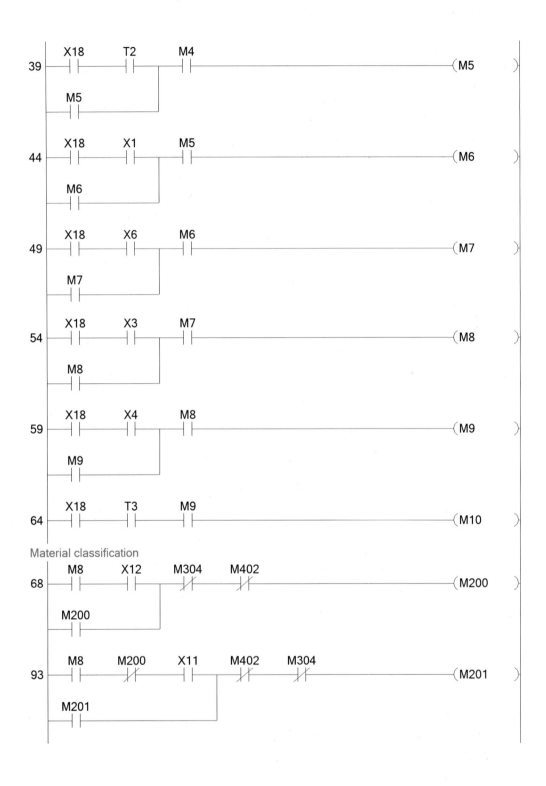

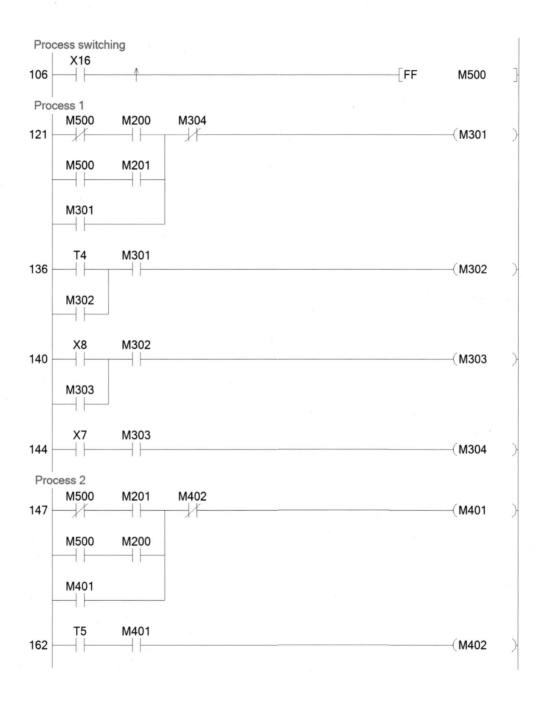

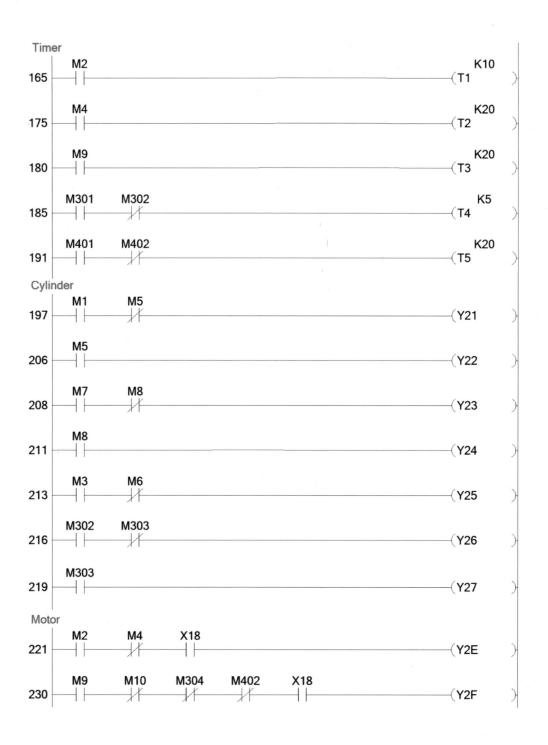

```
Timer
          M2                                           K10
165      ┤├                                          (T1    )

          M4                                           K20
175      ┤├                                          (T2    )

          M9                                           K20
180      ┤├                                          (T3    )

          M301     M302                                K5
185      ┤├        ┤/├                                (T4    )

          M401     M402                                K20
191      ┤├        ┤/├                                (T5    )

Cylinder
          M1       M5
197      ┤├        ┤/├                                (Y21   )

          M5
206      ┤├                                          (Y22   )

          M7       M8
208      ┤├        ┤/├                                (Y23   )

          M8
211      ┤├                                          (Y24   )

          M3       M6
213      ┤├        ┤/├                                (Y25   )

          M302     M303
216      ┤├        ┤/├                                (Y26   )

          M303
219      ┤├                                          (Y27   )

Motor
          M2       M4       X18
221      ┤├        ┤/├      ┤├                         (Y2E   )

          M9       M10      M304     M402     X18
230      ┤├        ┤/├      ┤/├       ┤/├      ┤├      (Y2F   )
```

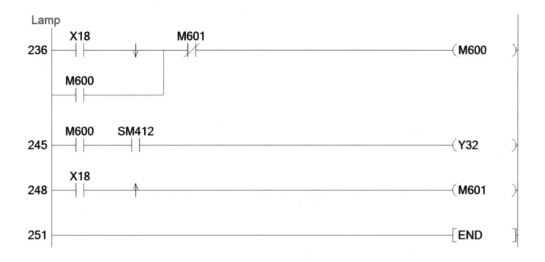

MELSEC 사용자 중심

PLC 강의

2023년 5월 10일 인쇄
2023년 5월 15일 발행

저자 : 이모세
펴낸이 : 이정일

펴낸곳 : 도서출판 **일진사**
www.iljinsa.com

04317 서울시 용산구 효창원로 64길 6
대표전화 : 704-1616, 팩스 : 715-3536
이메일 : webmaster@iljinsa.com
등록번호 : 제1979-000009호(1979.4.2)

값 25,000원

ISBN : 978-89-429-1888-1